“十三五”应用型本科院校系列教材

工程制图习题集

Engineering Drawing Exercise

主　编　王　薇　刘玉光
副主编　崔海军　张　航
　　　　樊乃境　生国梁
主　审　徐和亮　裴建勋

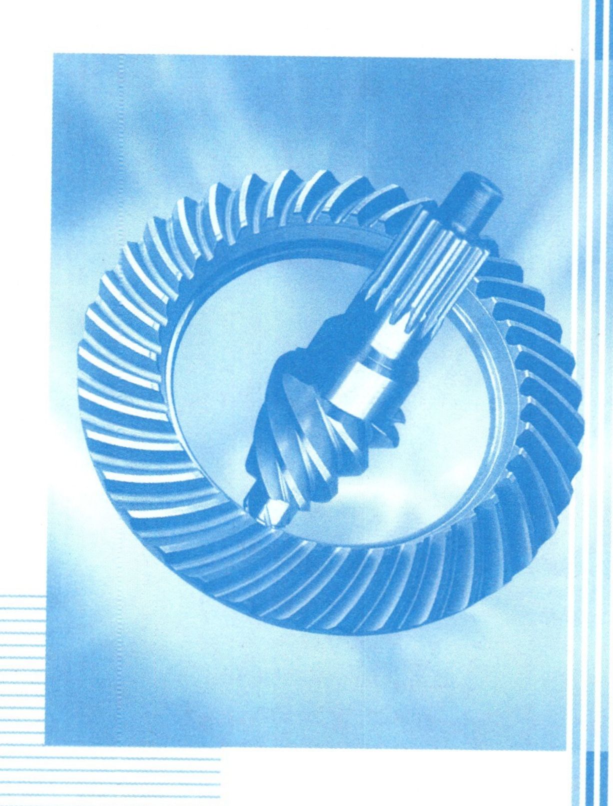

图书在版编目(CIP)数据

工程制图习题集/王薇,刘玉光主编.—哈尔滨:哈尔滨工业大学出版社,2016.4(2023.7重印)

ISBN 978-7-5603-5934-2

Ⅰ.①工… Ⅱ.①王… ②刘… Ⅲ.①工程制图-高等学校-习题集 Ⅳ.①TB23-44

中国版本图书馆CIP数据核字(2016)第071709号

策划编辑 杜 燕
责任编辑 杜 燕
出版发行 哈尔滨工业大学出版社
社　　址 哈尔滨市南岗区复华四道街10号 邮编150006
传　　真 0451-86414749
网　　址 http://hitpress.hit.edu.cn
印　　刷 哈尔滨市石桥印务有限公司
开　　本 787mm×1092mm 1/16 印张8.75 字数210千字
版　　次 2016年4月第1版 2023年7月第3次印刷
书　　号 ISBN 978-7-5603-5934-2
定　　价 25.00元

前　　言

本习题集是按照教育部高等教育司最新修订的“高等学校工科本科画法几何及机械制图课程教学基本要求”及“工程制图基础课程教学基本要求”的规定，根据应用性、职业型和复合型人才的培养目标，并结合多年的教学实践编写而成。与《工程制图》教材配套使用。

本习题集选题具有一定典型性。尽量做到符合教学基本要求，紧密结合教材，反映教材的知识点、重点和难点。由浅入深，循序渐进，题量丰富，可选择性强。

参加本习题集编写的教师有王薇、刘玉光、崔海军、张航、樊乃境、生国良、毕经毅。由王薇、刘玉光任主编，崔海军、张航、樊乃境、生国梁任副主编，徐和亮、裴建勋教授主审。

由于编者水平所限，疏漏之处在所难免，竭诚欢迎读者批评指正。

编者

2015 年 12 月

目　录

1-1 数字和字母书写练习。

班级学号 姓名

0123456789
ABCDEFGHIJKLMNOPQRSTUVWXYZ
abcdefghijklmnopqrstuvwxyz

1-3 基本笔画和常用部首书写练习。

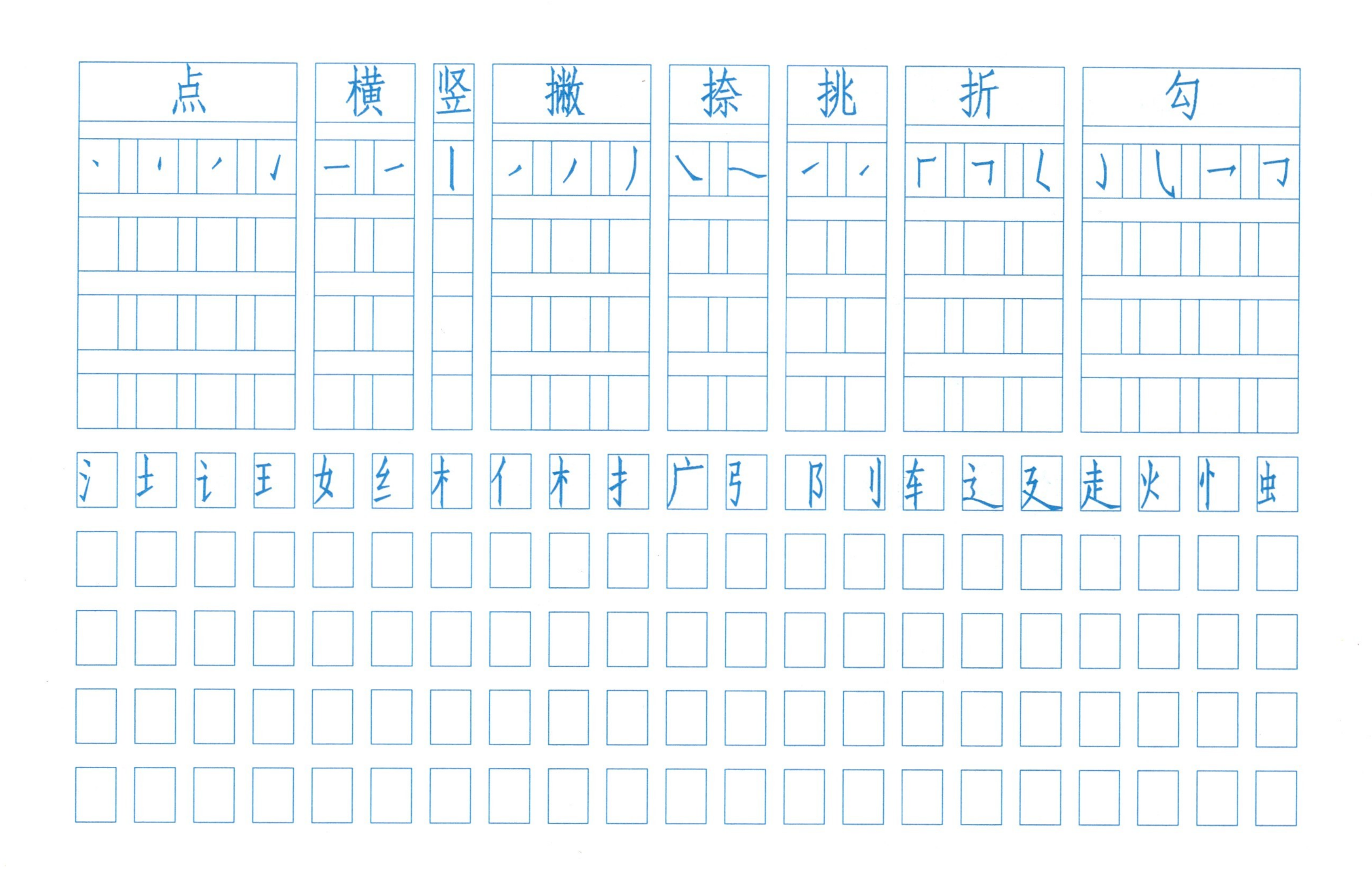

班级学号　　　　姓名

1-4 汉字书写练习。

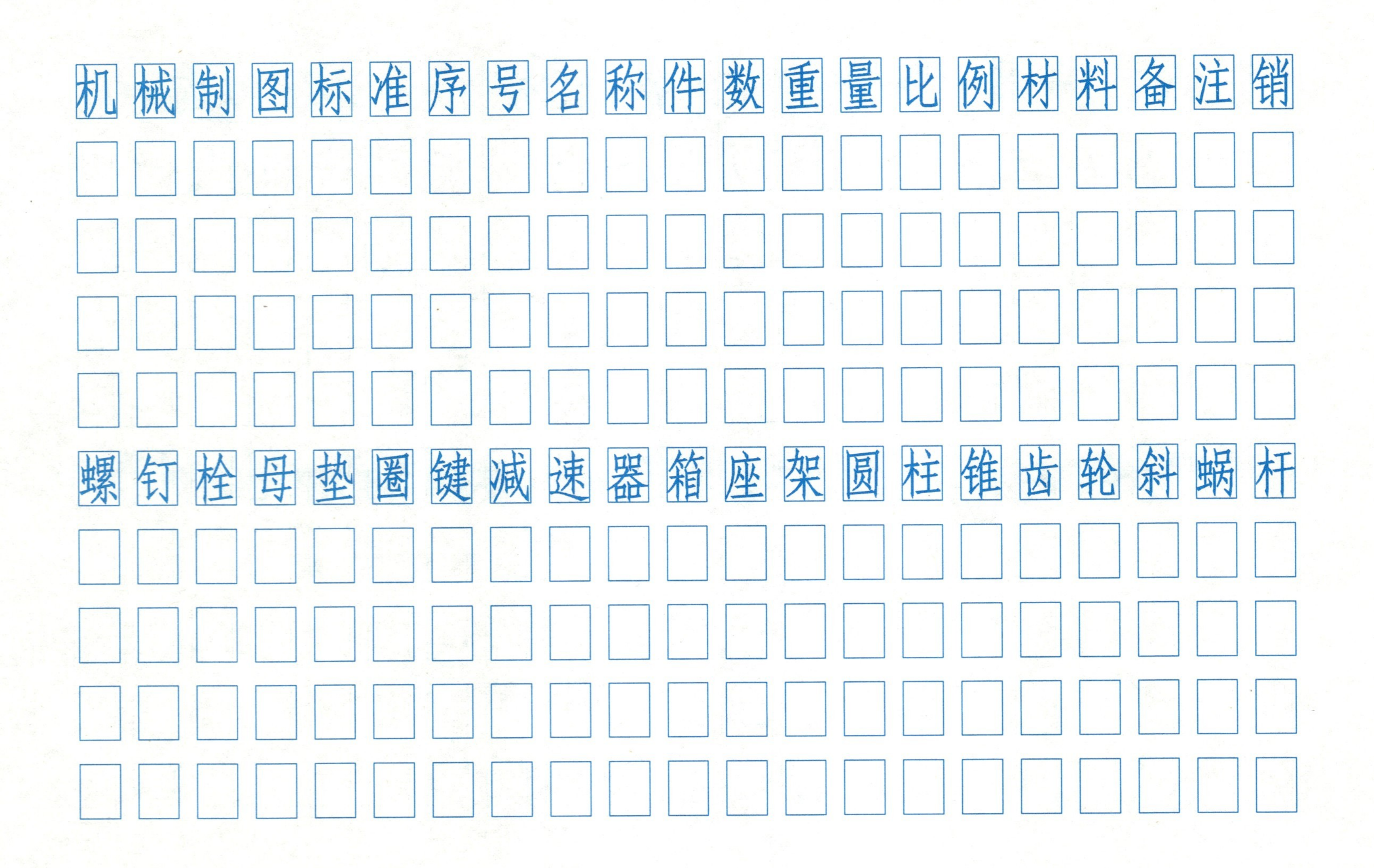

1-5 汉字书写练习。

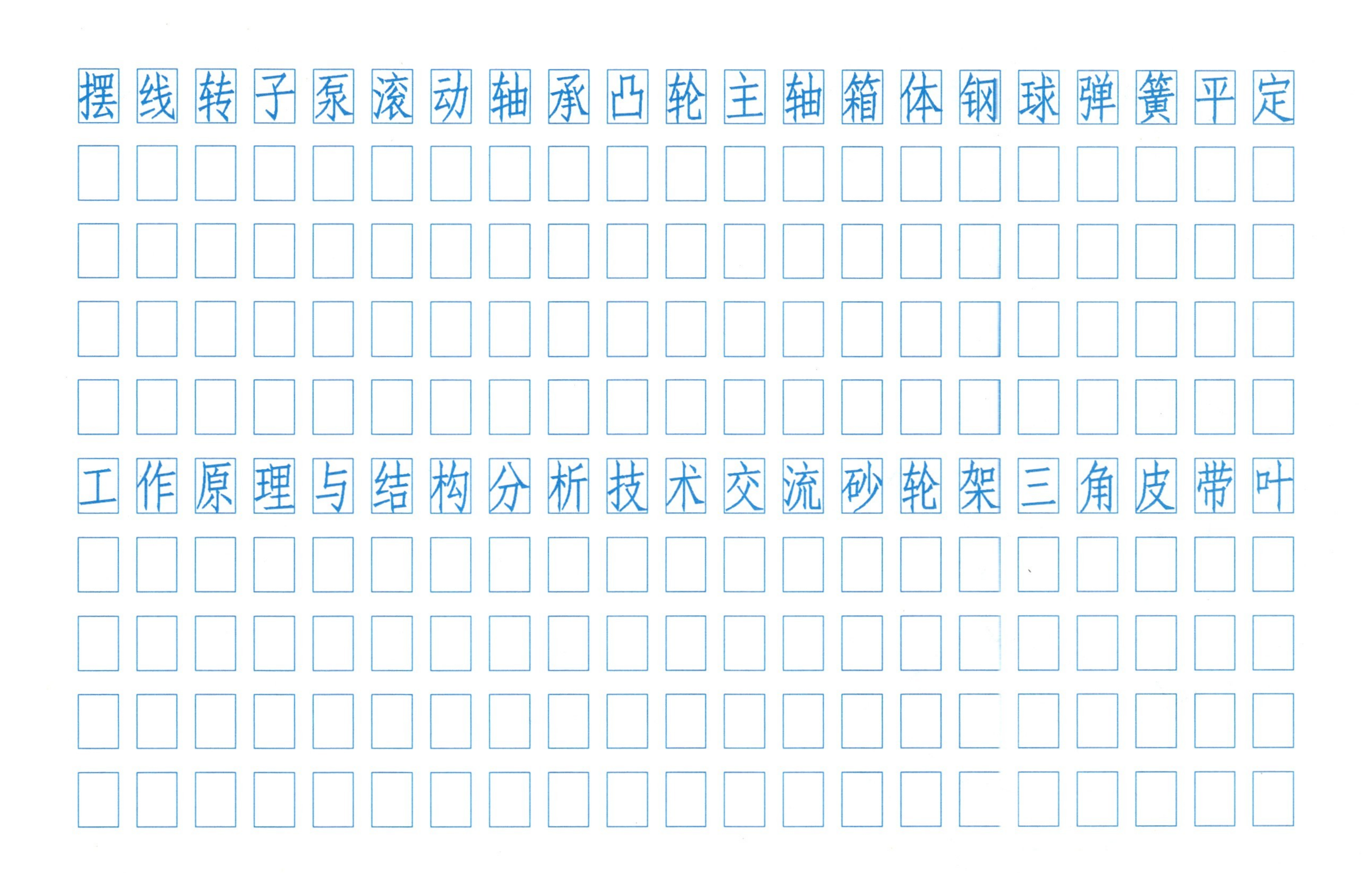

1-6 按2:1的比例将下图抄绘在A3图纸上。

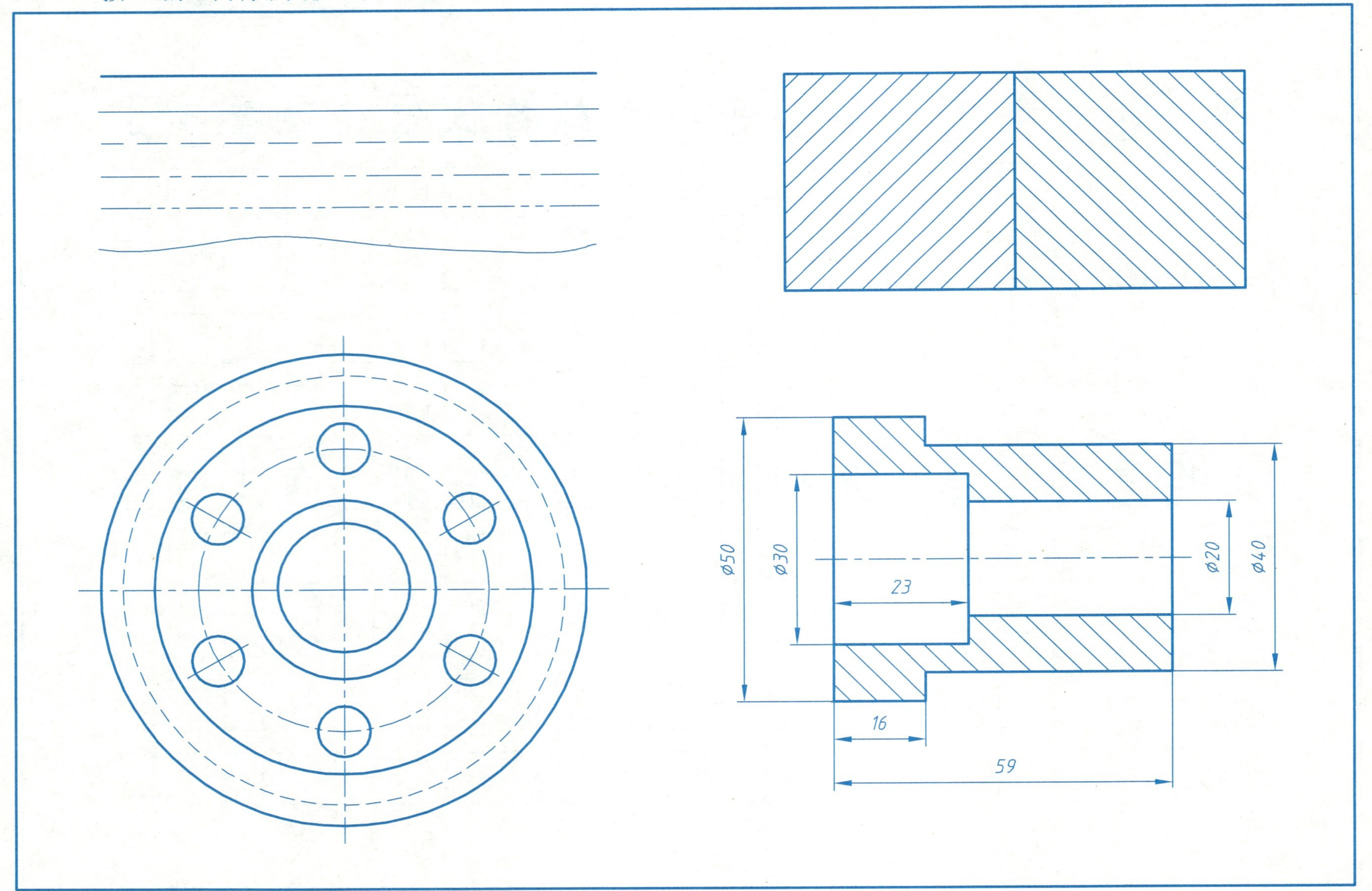

1-7 按规定方法标注尺寸(数值从图中量取，取整数)。

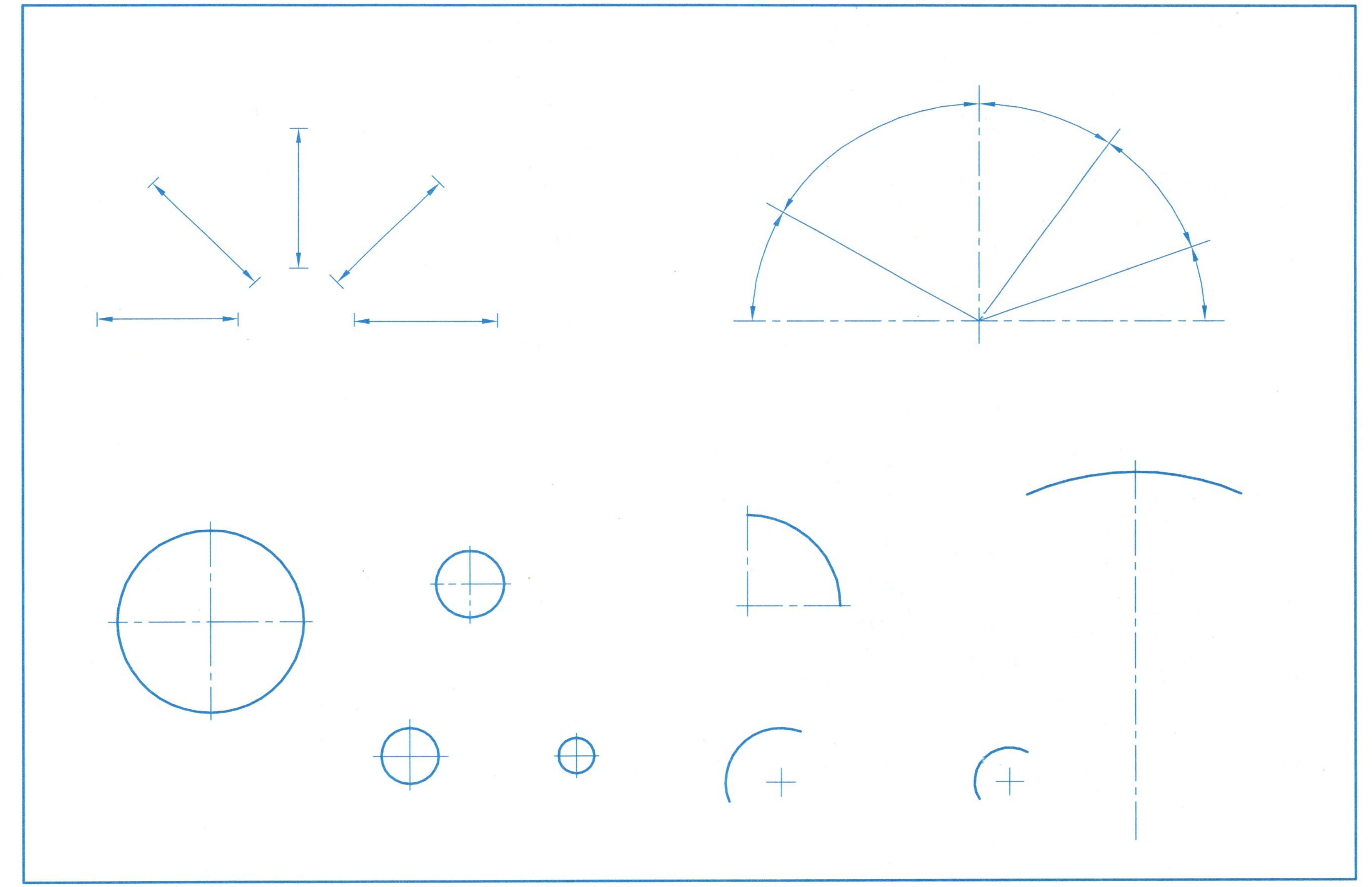

1-8 按规定方法标注尺寸（数值从图中量取，取整数）。

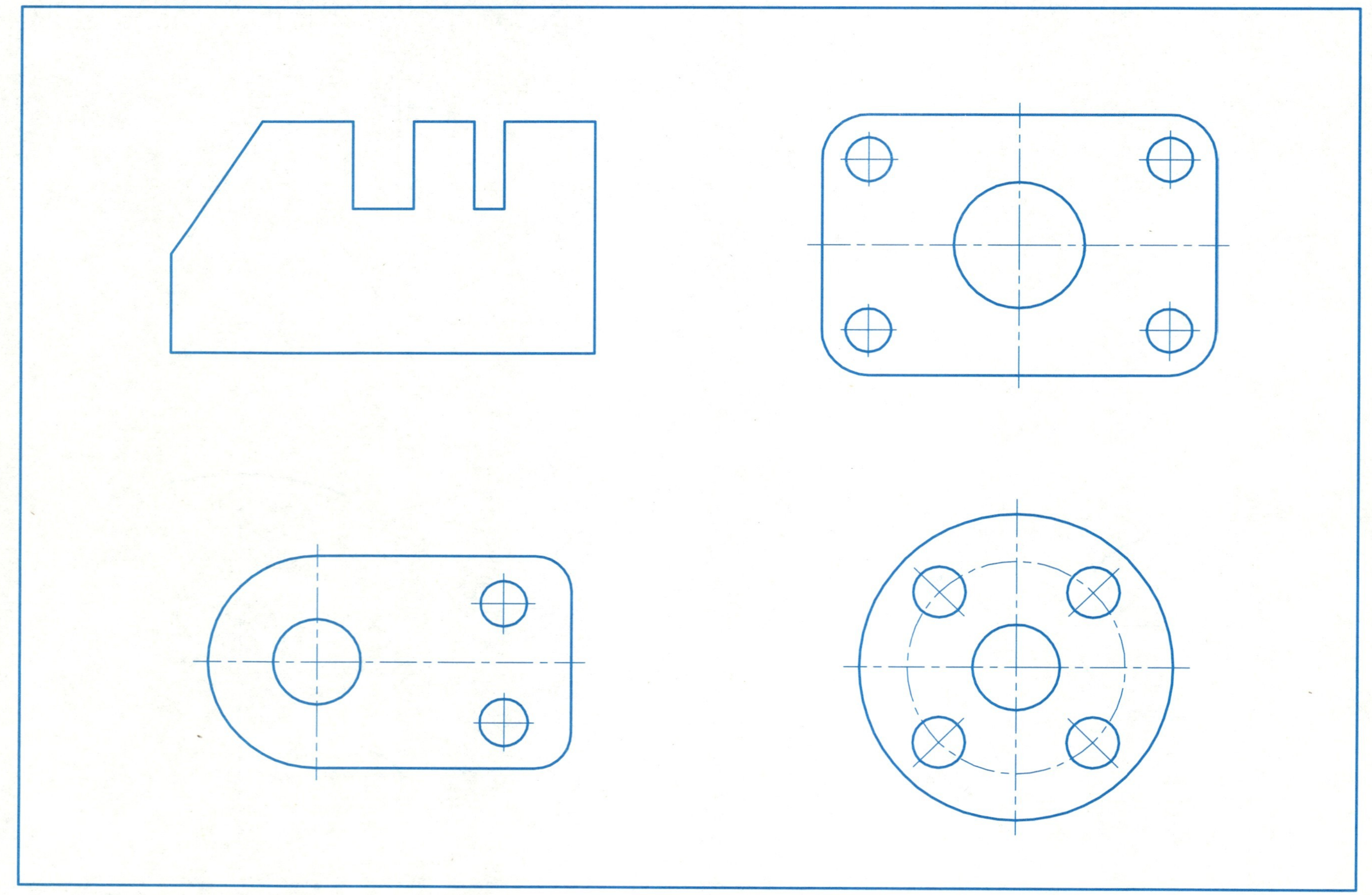

1-9 已知椭圆长轴为70，短轴为40，作椭圆。

(1) 同心圆法

(2) 四心圆弧法

1-10 按已知斜度和锥度，完成下列图形，并标出斜度和锥度值。

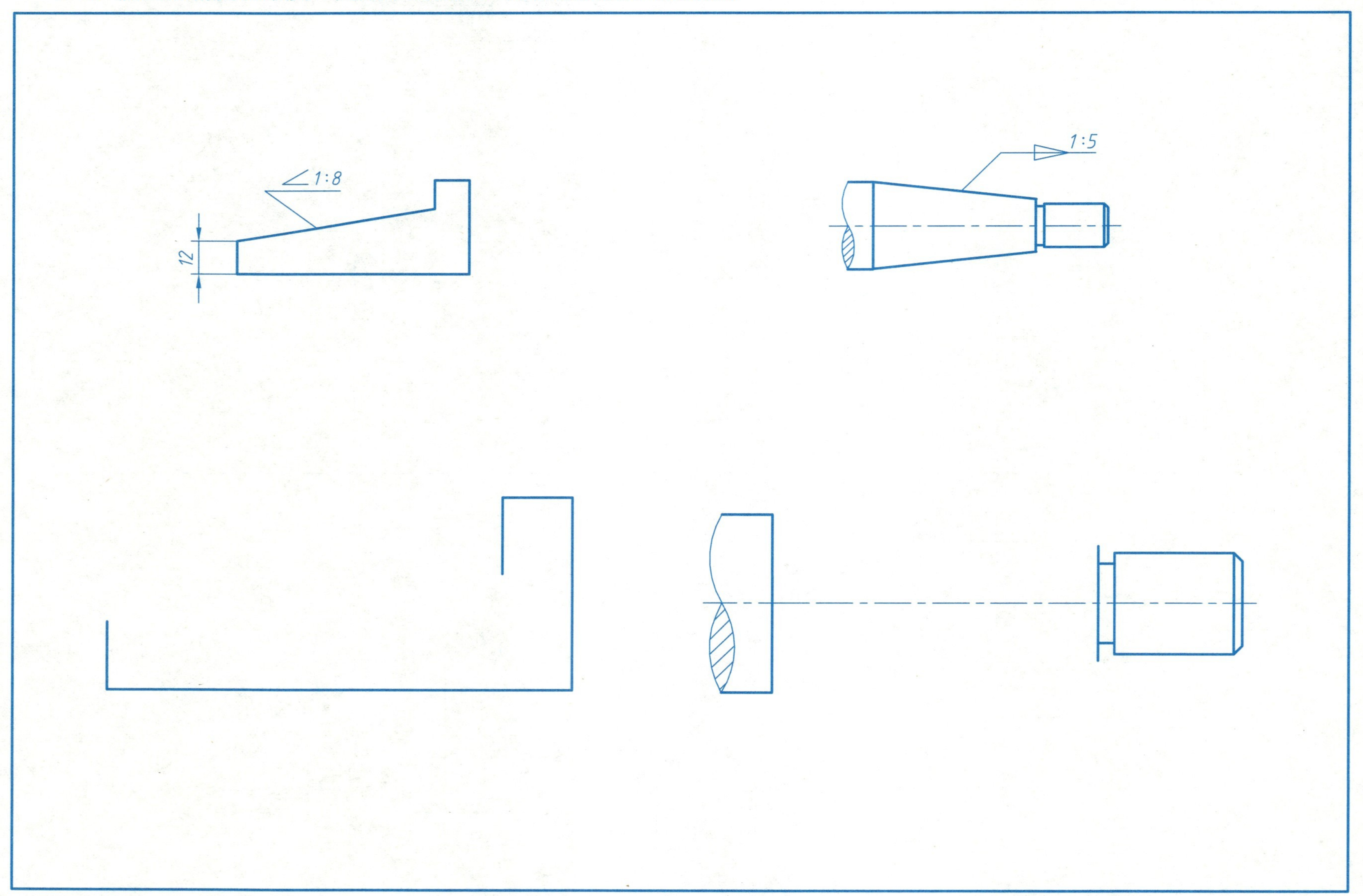

1-11 根据图中所给的尺寸，将下图按1:1的比例画在A3图纸上，并标注尺寸。

2-1 根据点在两投影面体系中的位置，作出其投影图。

2-2 已知点的坐标，作出其投影图和直观图。

A(15, 20, 25)、B(25, 20, 0)、C(35, 0, 20)。

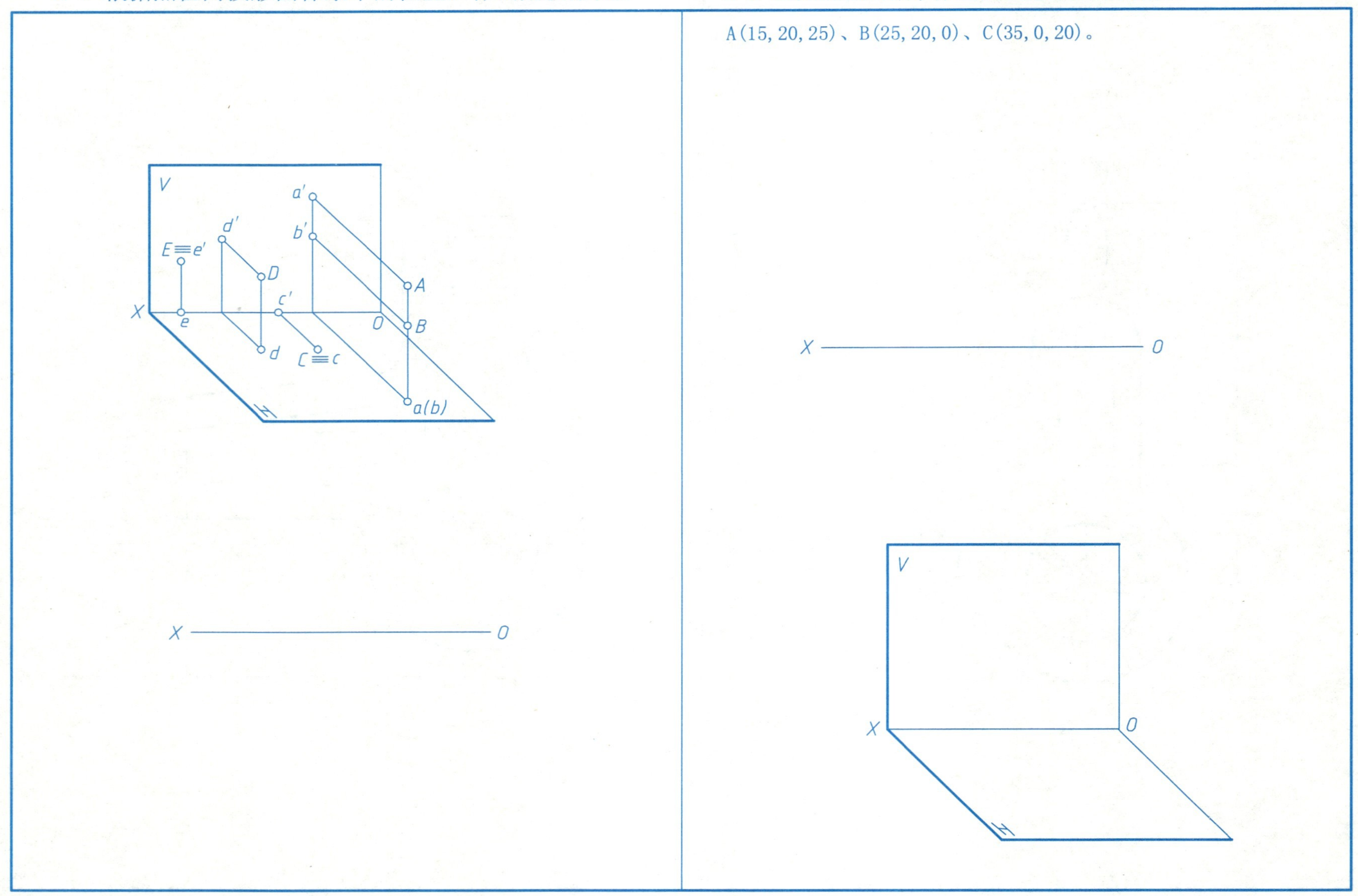

2-3 由直观图作出点的投影图，并量出点到投影面的距离。

2-4 已知点的坐标，试画各点的投影图和直观图。

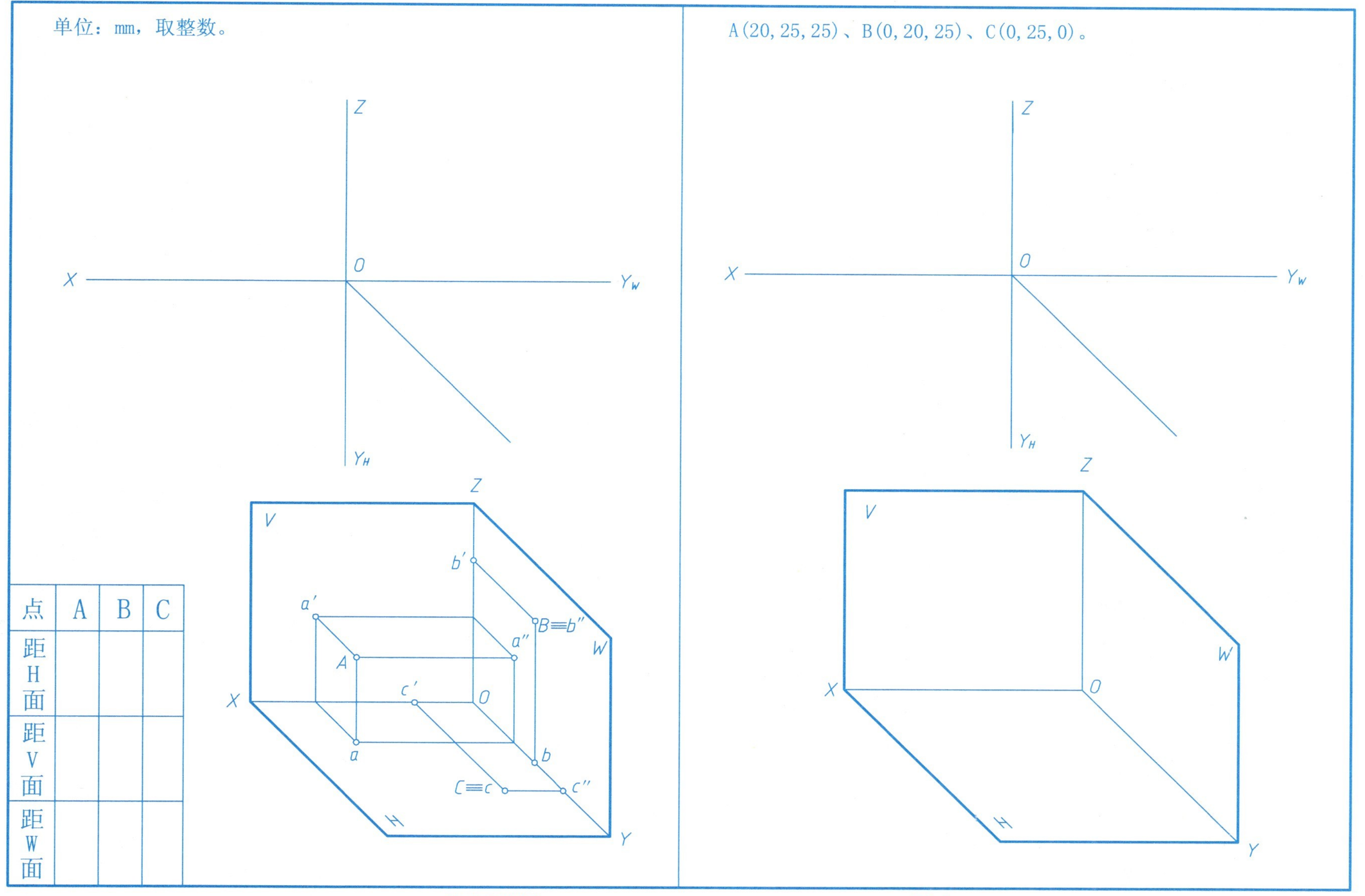

点	A	B	C
距H面			
距V面			
距W面			

2-5 求点的投影。

(1) 已知A、B、C、D的两面投影图，求第三投影，并量出各点到投影面的距离，填入表中(单位：mm，取整数)。

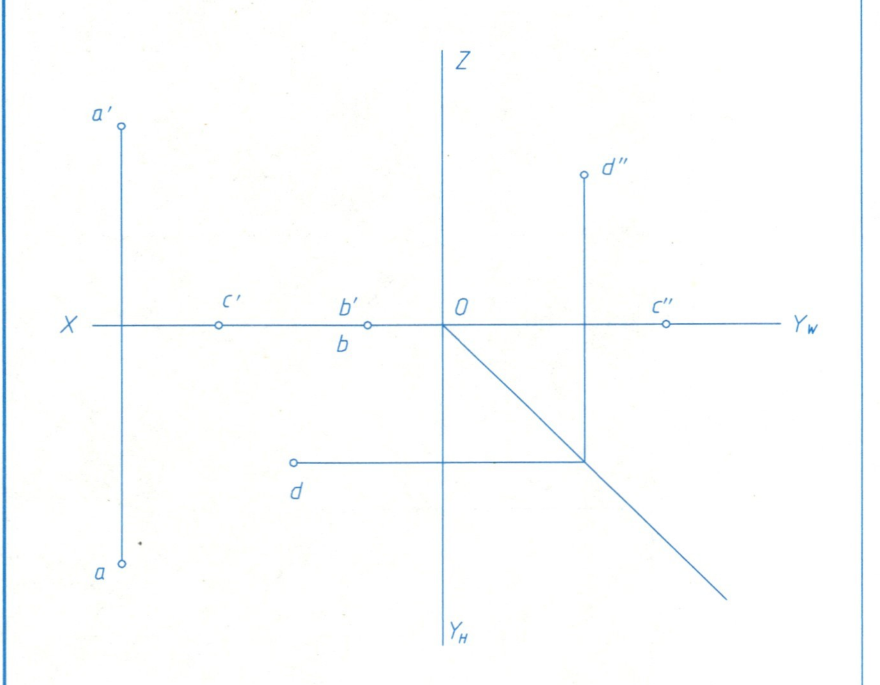

点	距 H 面	距 V 面	距 W 面
A			
B			
C			
D			

(2) 已知点M、N、S分别属于H、V、W面，点K属于Z轴，试画出各点的三面投影图。

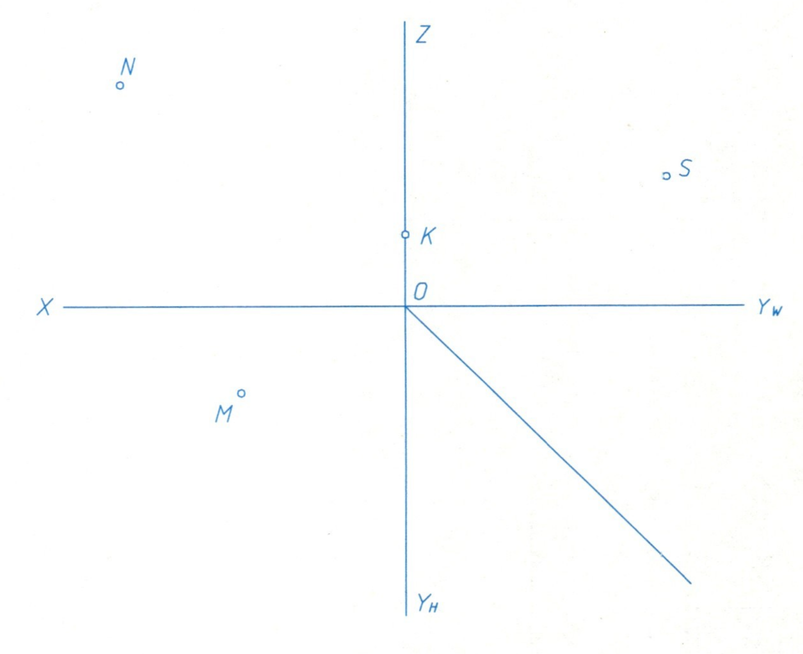

2-6 判别点M、N、P的相对位置。

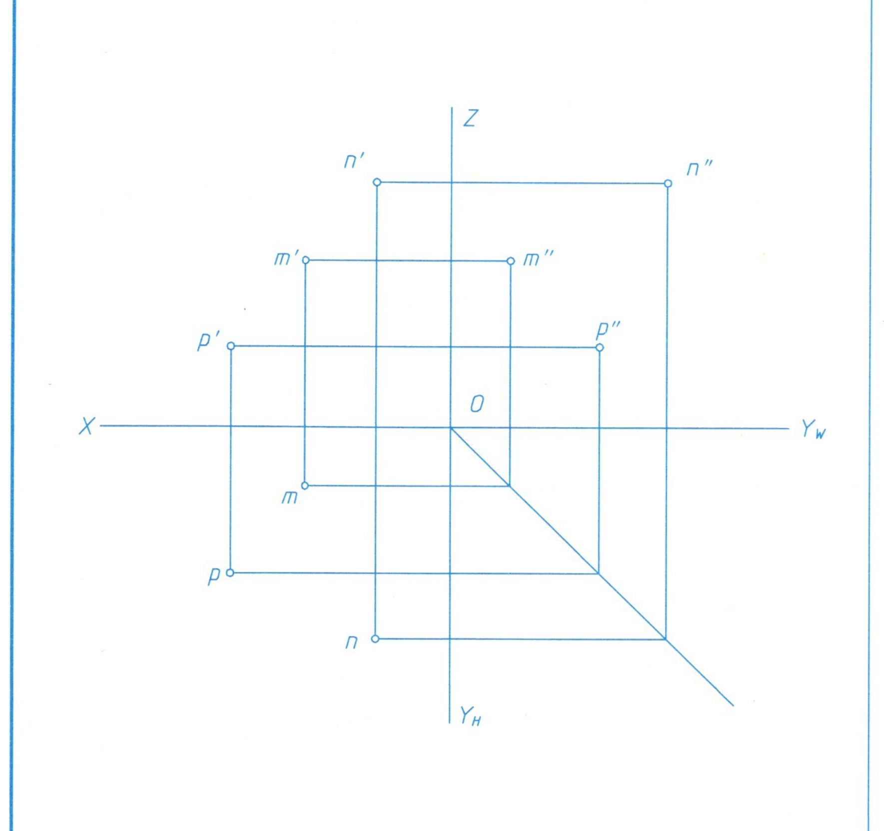

点N位于点M的___方___方___方

点P位于点M的___方___方___方

2-7 判别下列重影点的相对位置。

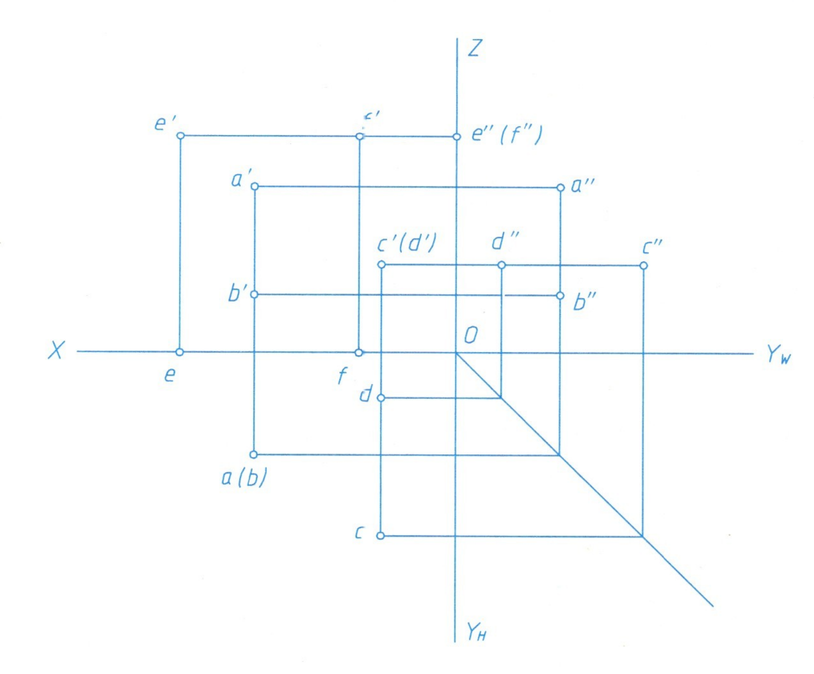

点A位于点B的 __方 __mm

点C位于点D的 __方 __mm

点E位于点F的 __方 __mm

2-8 判断下列各直线属于何种位置直线，并作出第三投影。

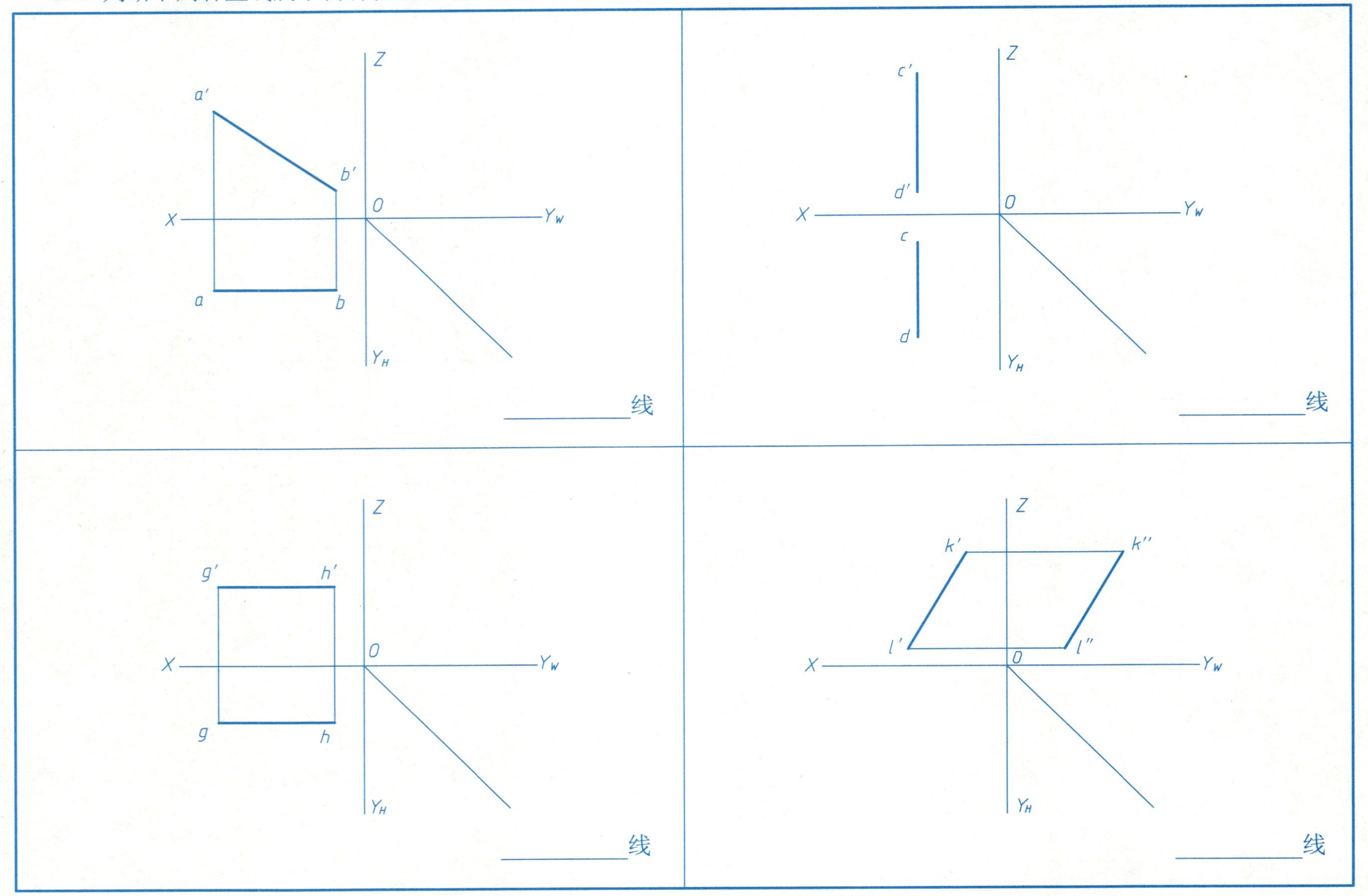

2-9 判断点C是否属于直线AB，在括号内填写“是”或“否”。

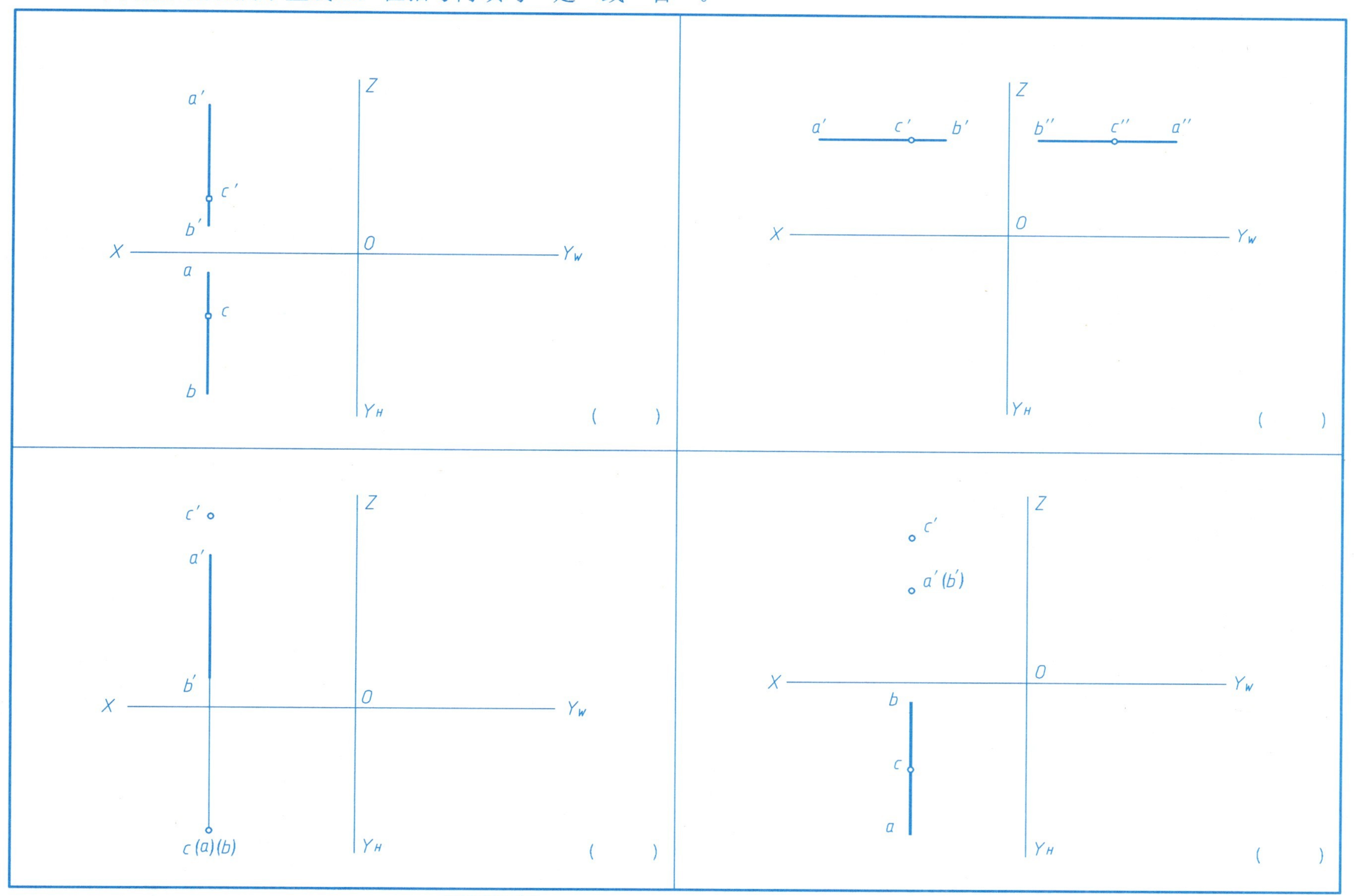

2-10 作点的投影。

(1) 点A、B、C、D属于同一直线，补出各点的另一投影。

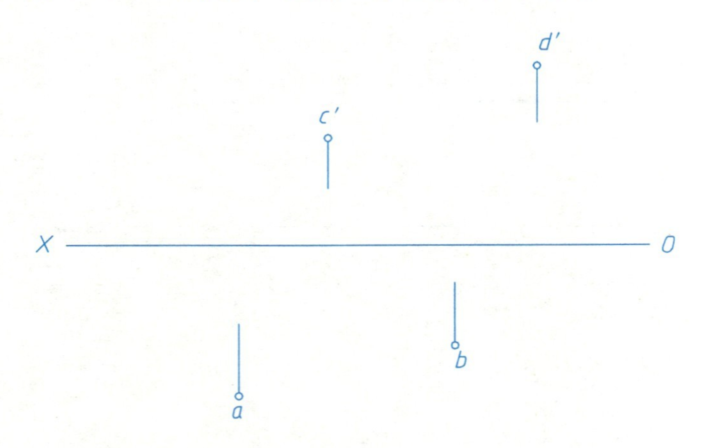

(2) 作属于直线的点C，使AC:CB=3:2。

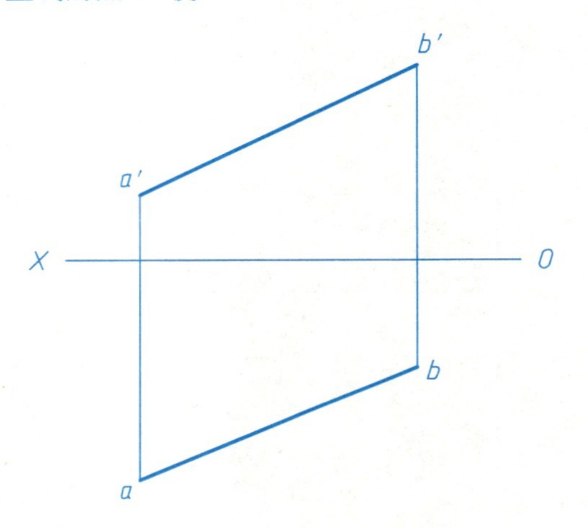

(3) 作属于直线的点C，使AC:CB=3:1。

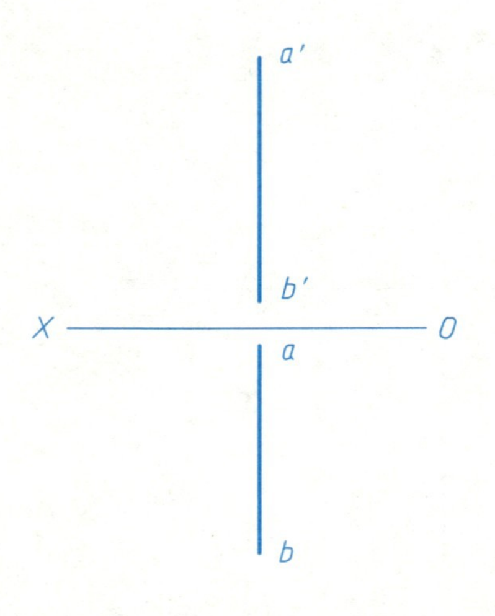

(4) 直线AB上取一点C，使其距V面距离为20。

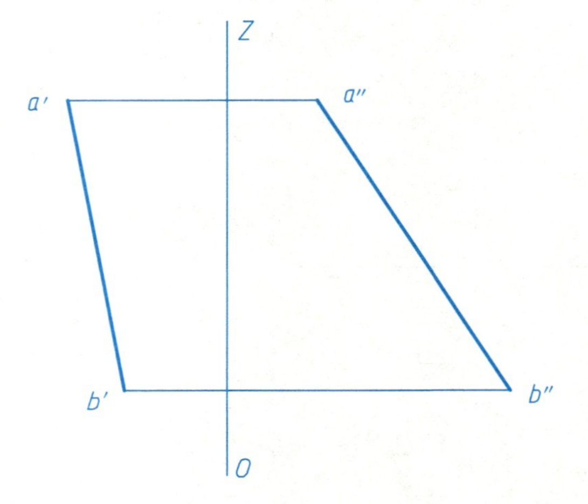

2-11 判断两直线的相对位置。

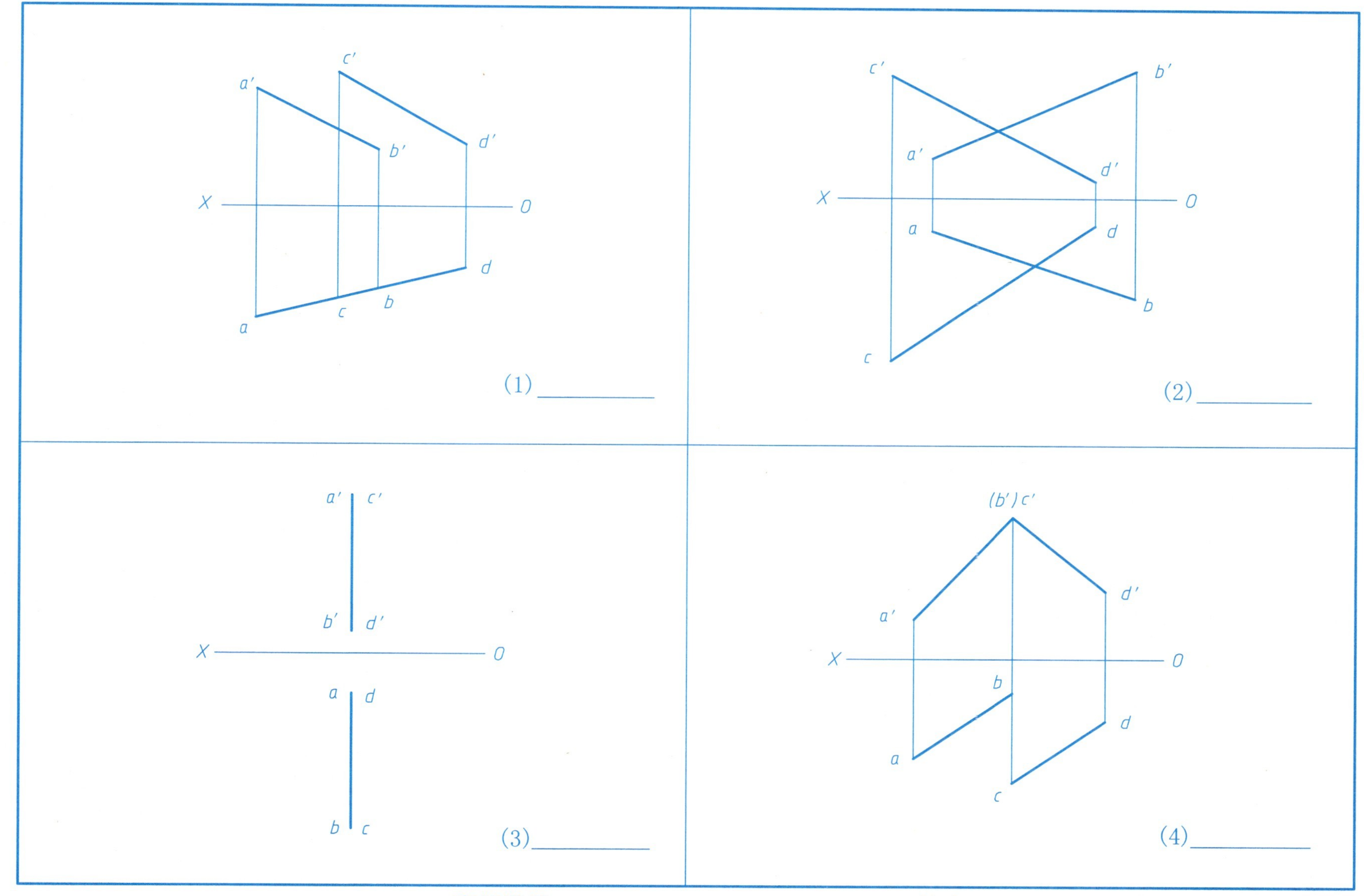

班级学号　　　　姓名

2-12 AB与CD相交，补出线段所缺的投影。

(1)

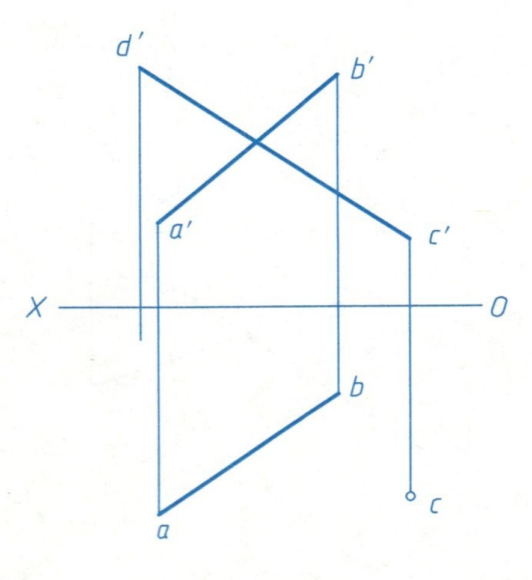

(2)

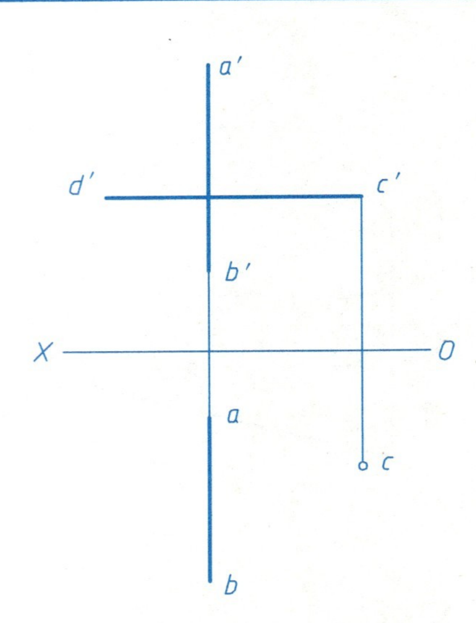

(3)

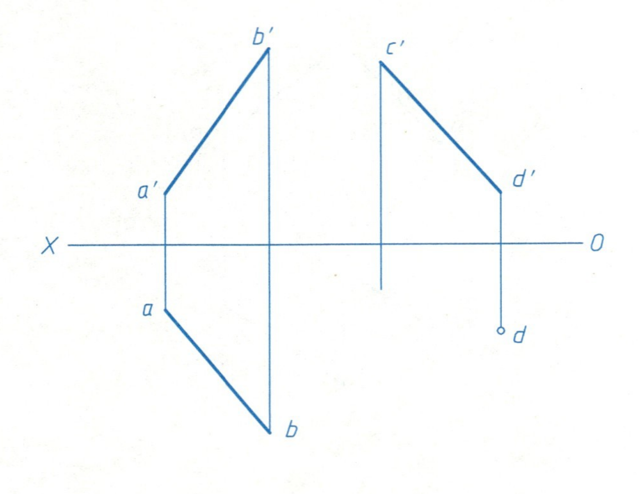

(4) 交点到H面的距离为20 。

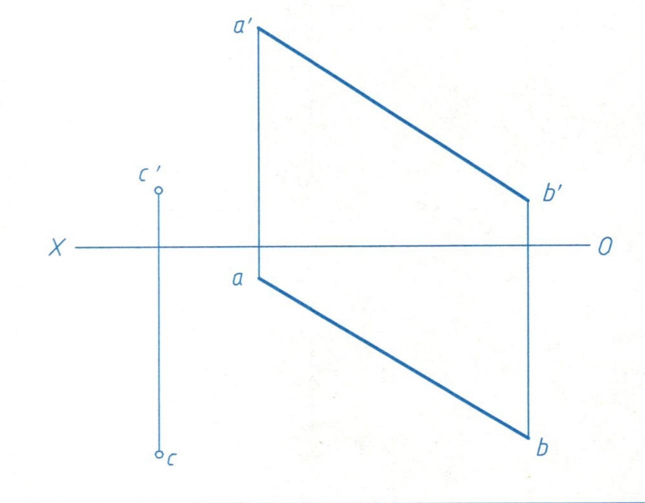

2-13 完成下列各题。

(1) 作一直线KL，使其与AB平行，与CD相交，确定K 。

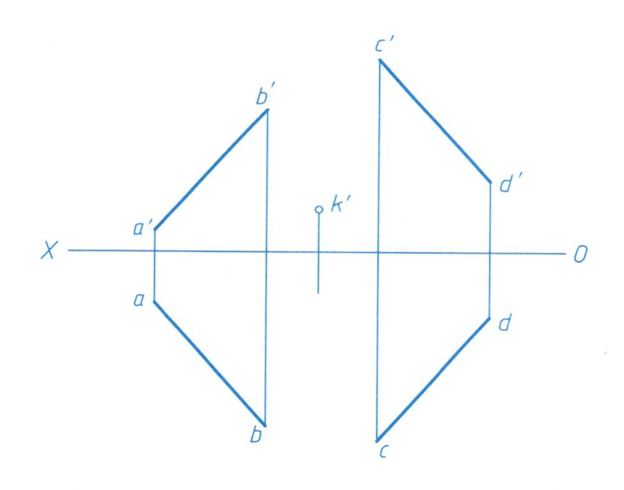

(2) 作一直线平行于AB，与CD、EF均相交 。

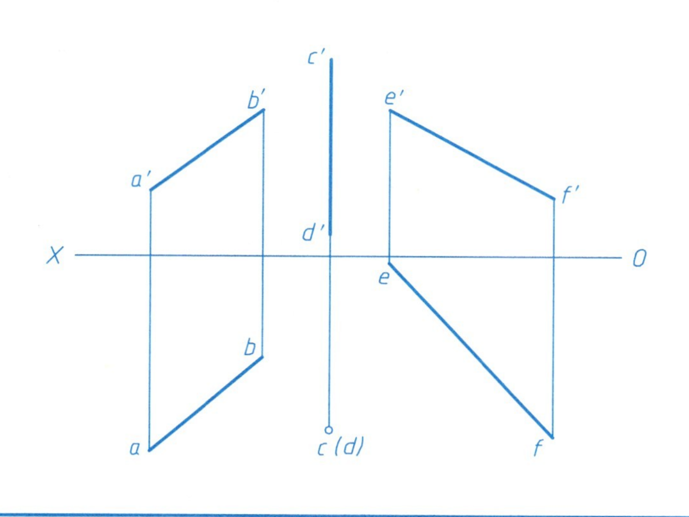

2-14 过点A作直线，与CD、EF均相交。

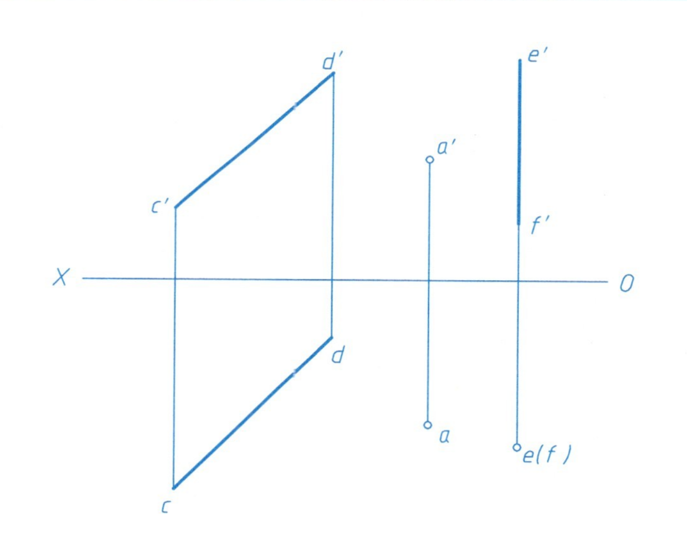

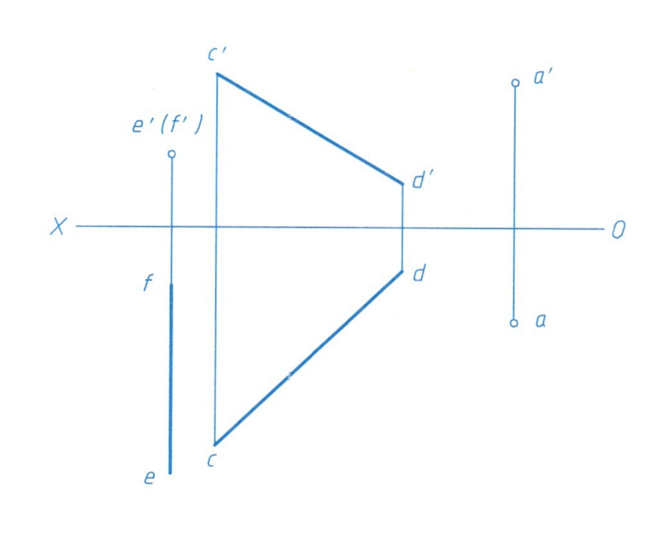

班级学号　　　　姓名

2-15 对照直观图，在投影图上标出指定平面的投影，并说明属于何种位置平面。

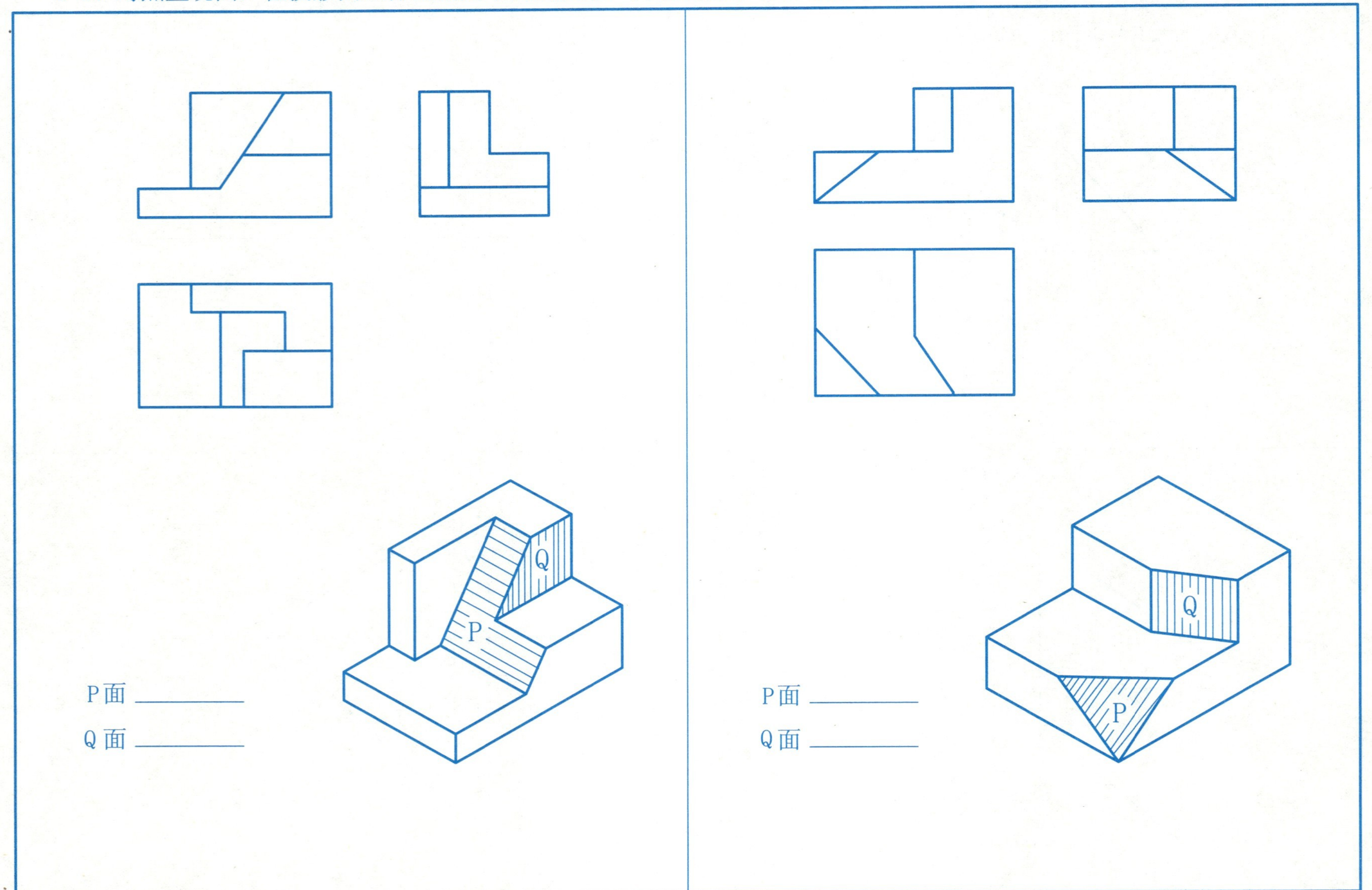

2-16 完成平面图形的第三投影，并判断属于何种位置平面。

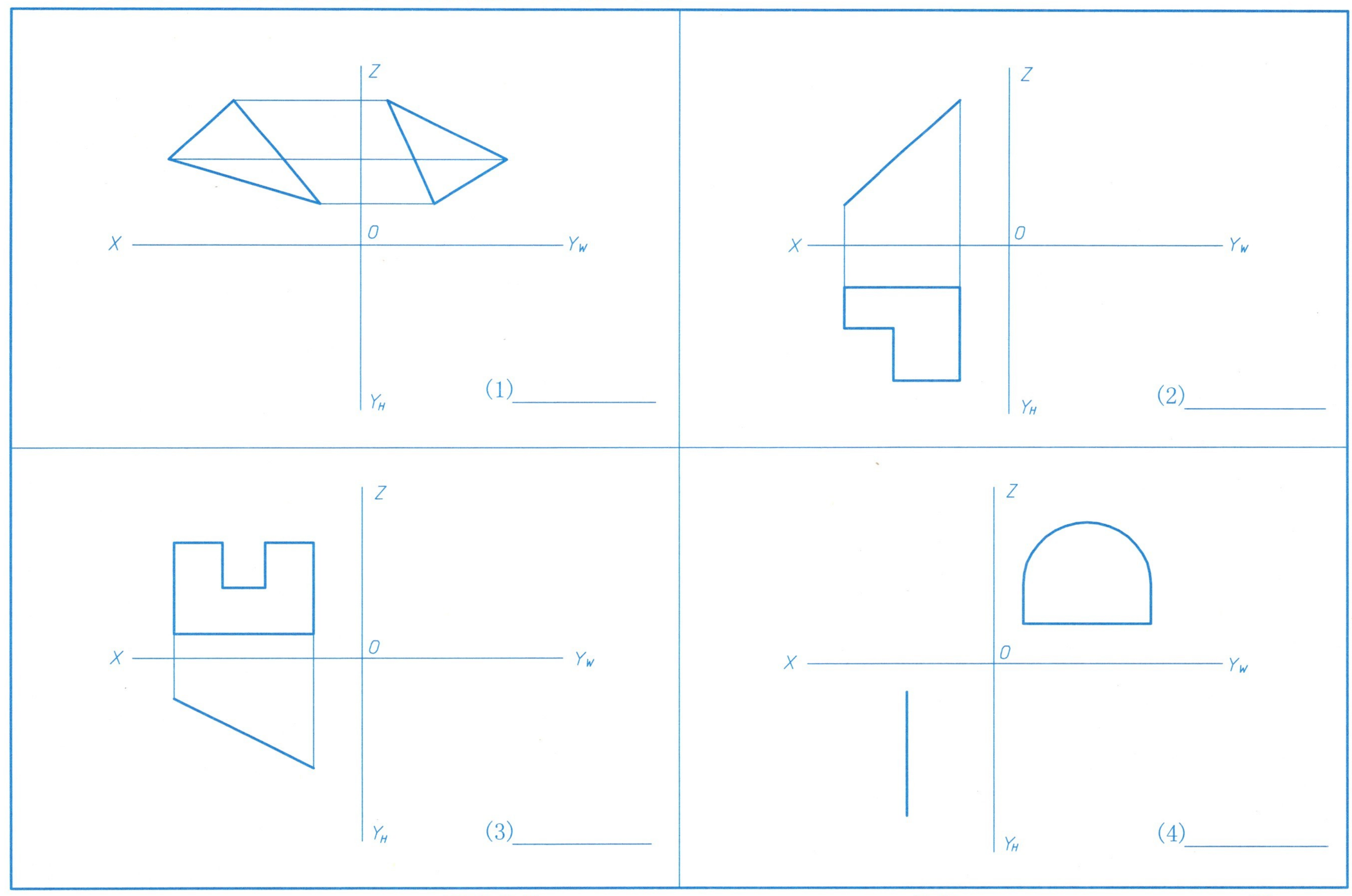

班级学号　　　　姓名

2-17 已知属于平面的点或直线的一个投影，补出其另一投影。

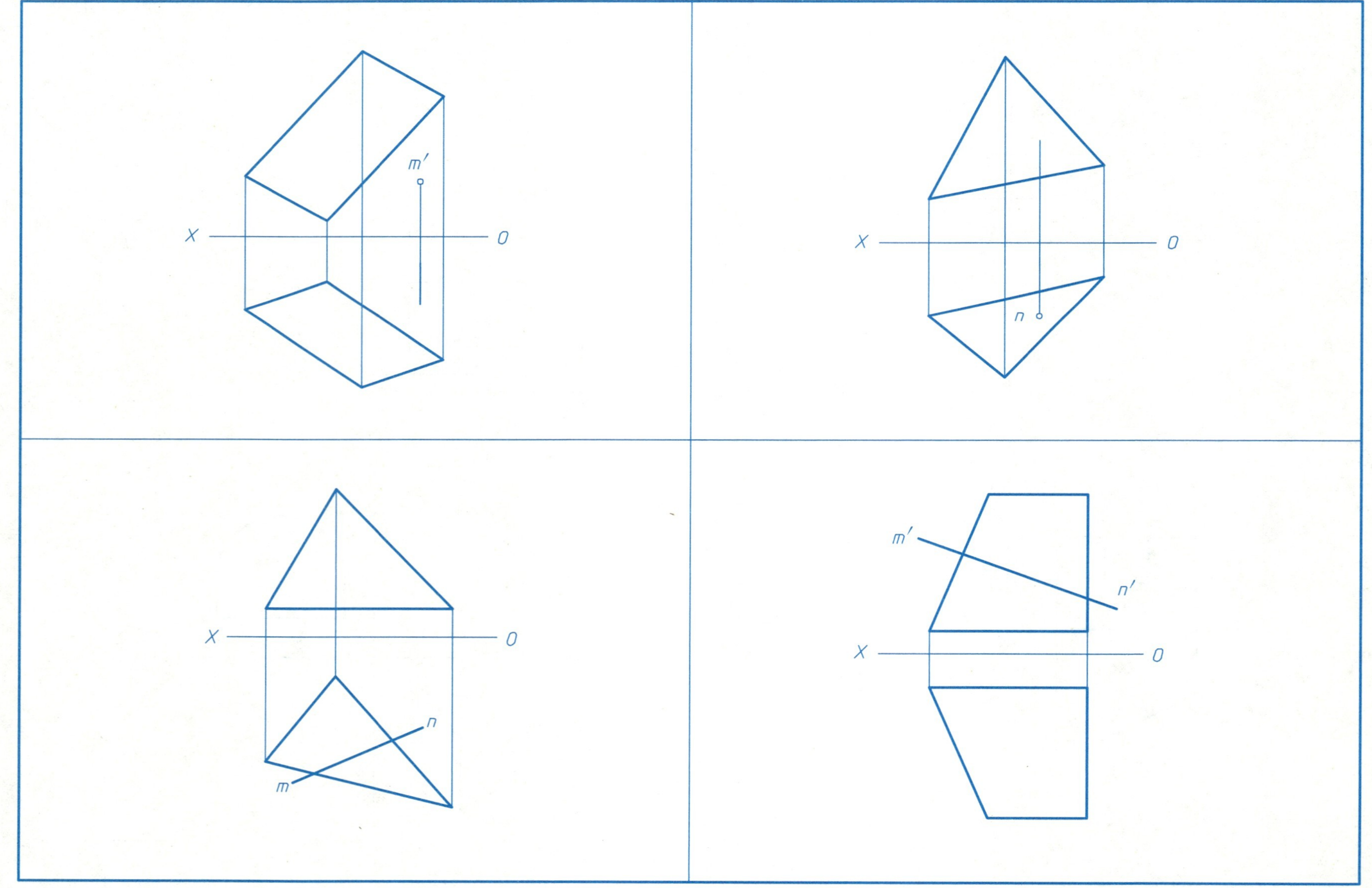

2-18 补全平面图形所缺的投影。

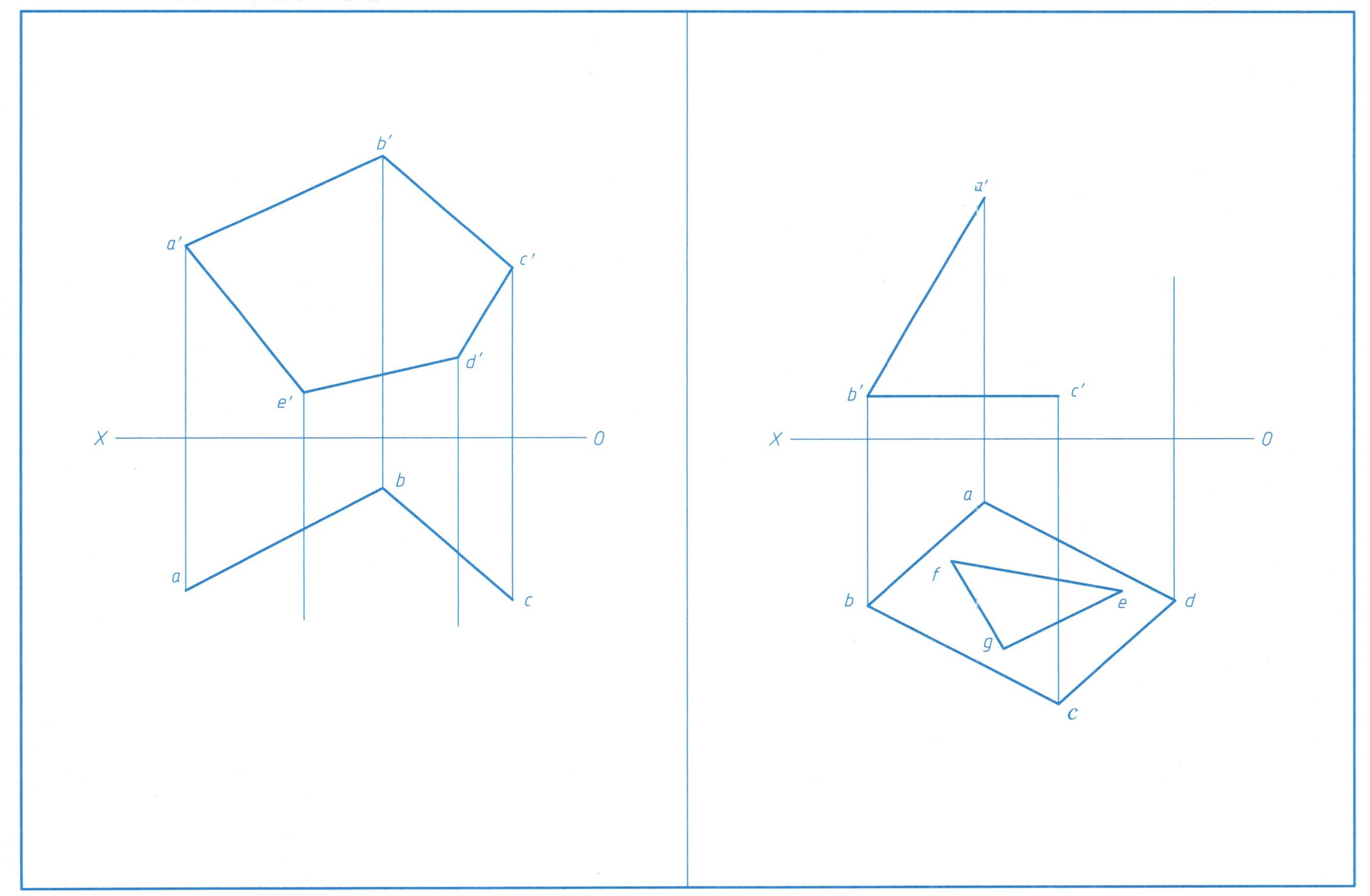

2-19 作出平面图形的另一投影。

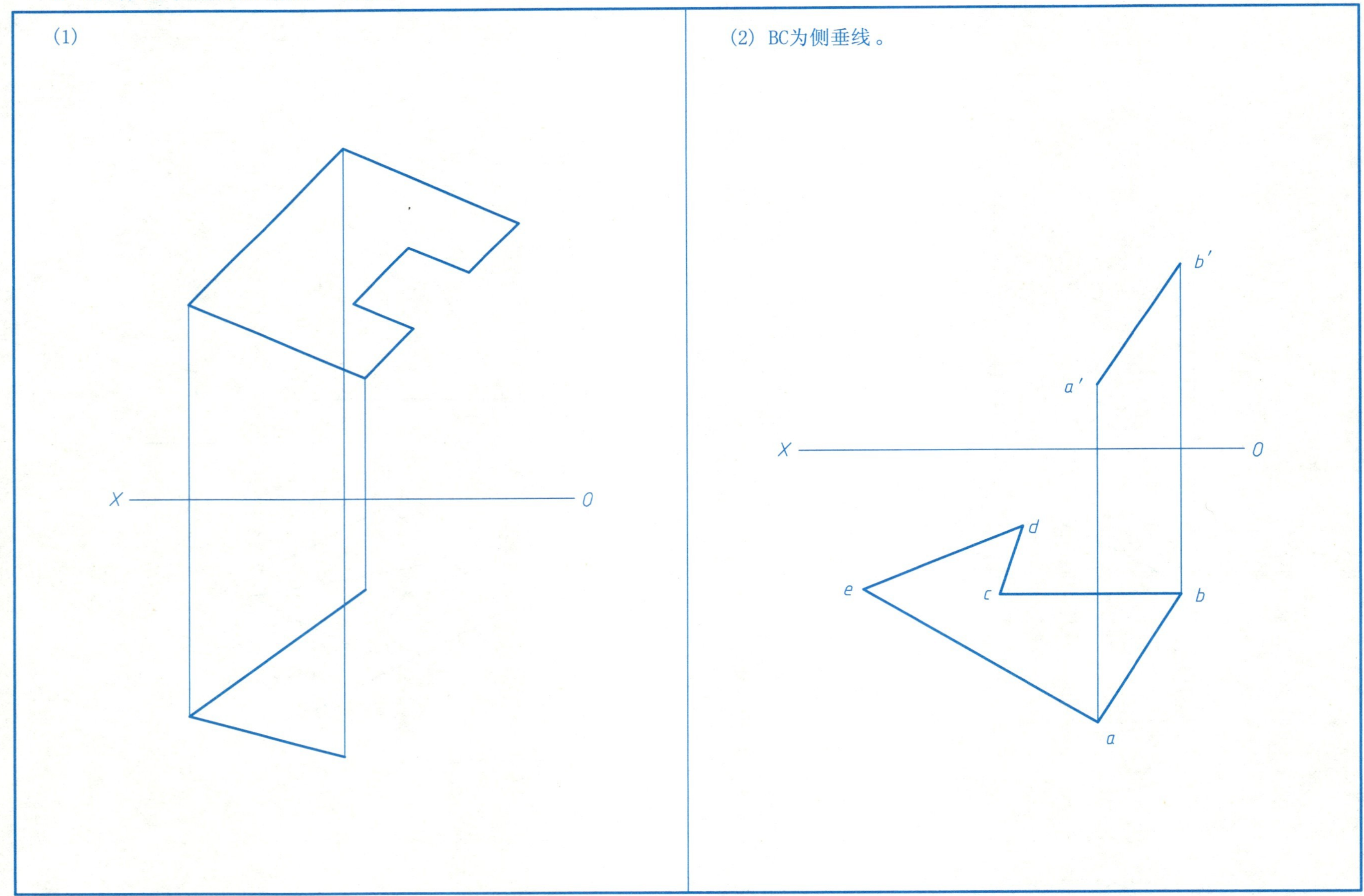

2-20 过直线作平面。

(1) 作铅垂面。

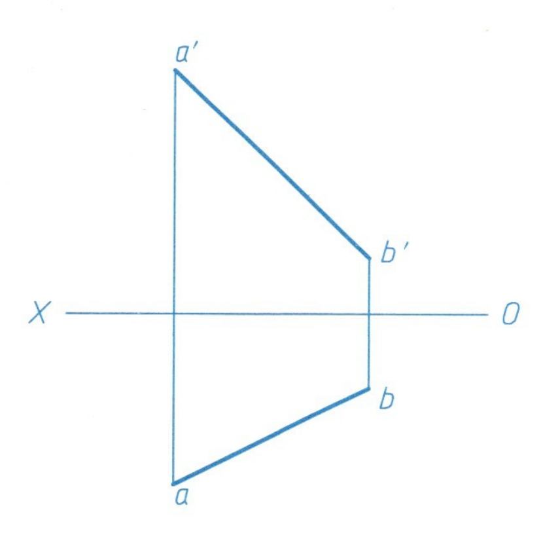

(2) 作正平面。

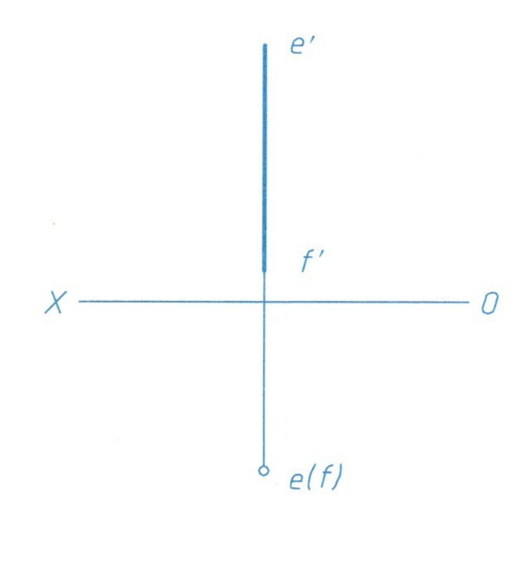

2-21 完成下列各题。

(1) 作一属于△ABC的水平线，使其与H面距离为15。

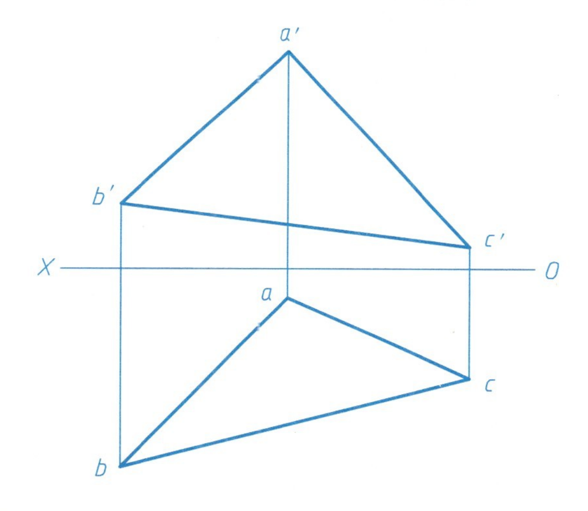

(2) 作属于平面的一点，使其与H、V面的距离分别为12、20。

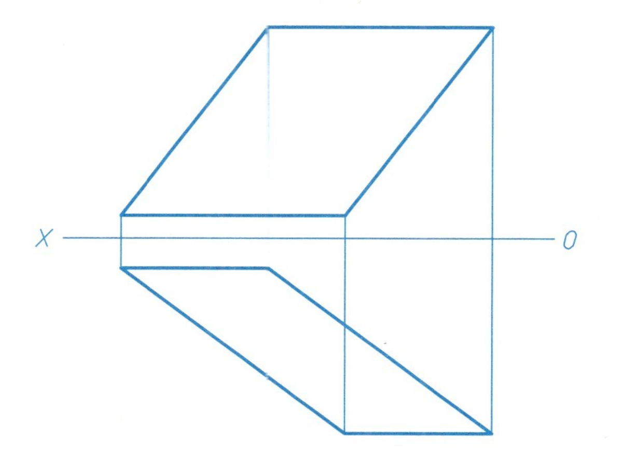

2-22 AB平行于给定的平面，作出AB所缺的投影。

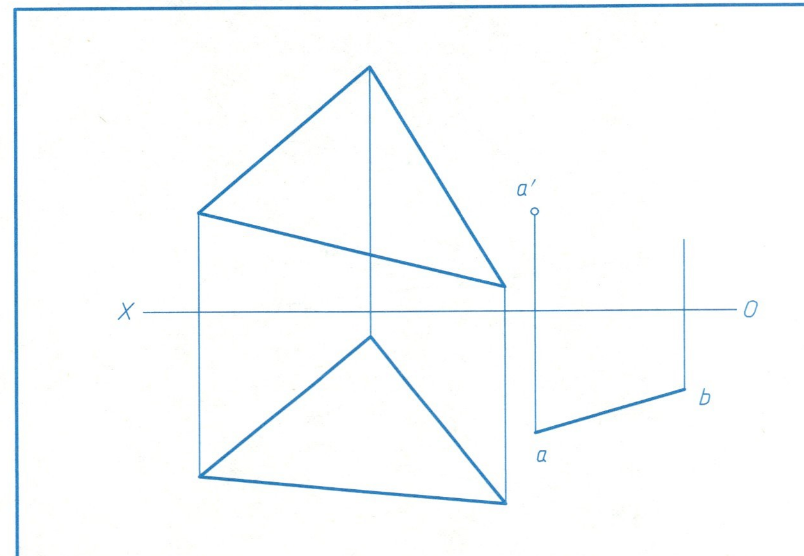

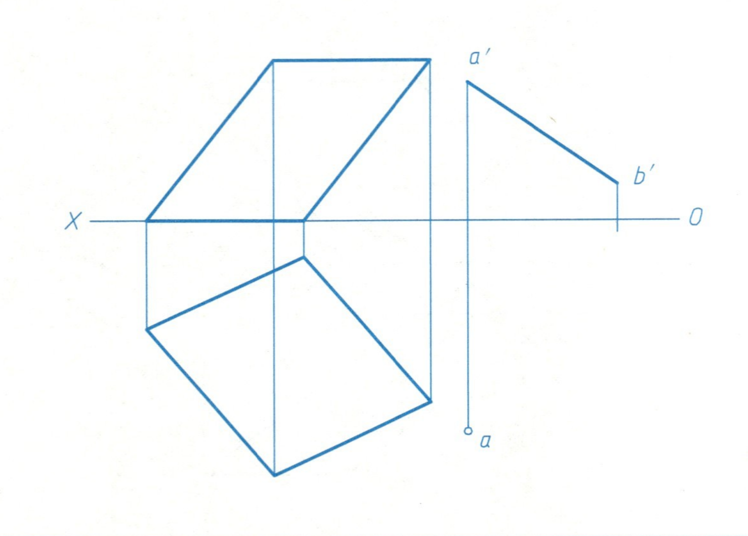

2-23 过点作平面使之满足下列条件。

(1) 过点A作平面平行于CD、EF。

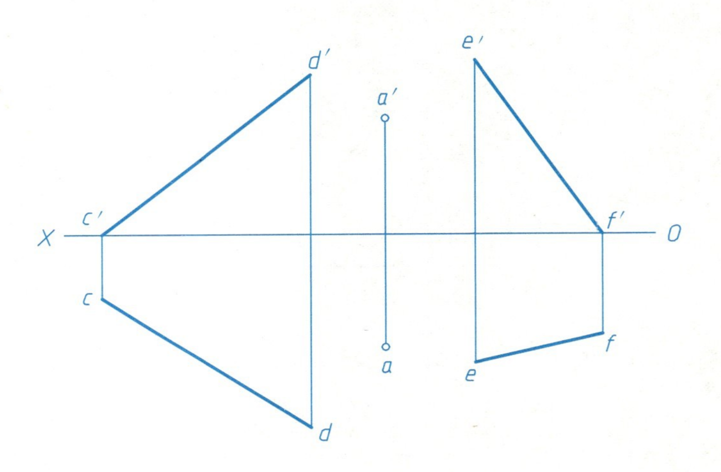

(2) 过点A作铅垂面平行于直线CD。

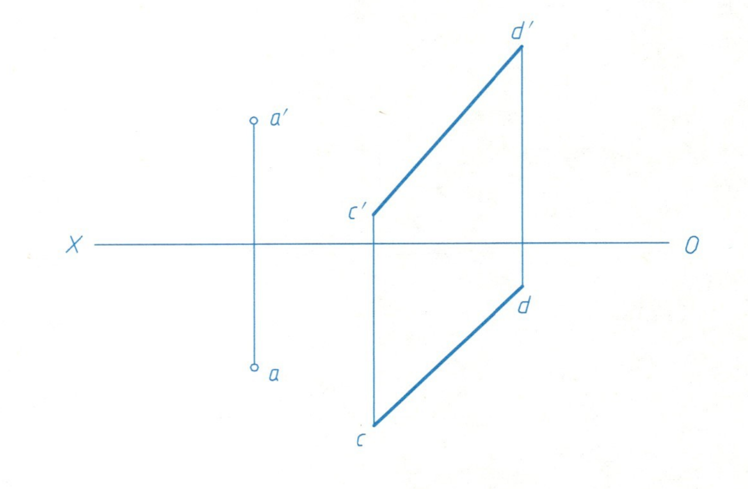

2-24 完成下列题。

(1) 过点A作平面平行于已知平面。

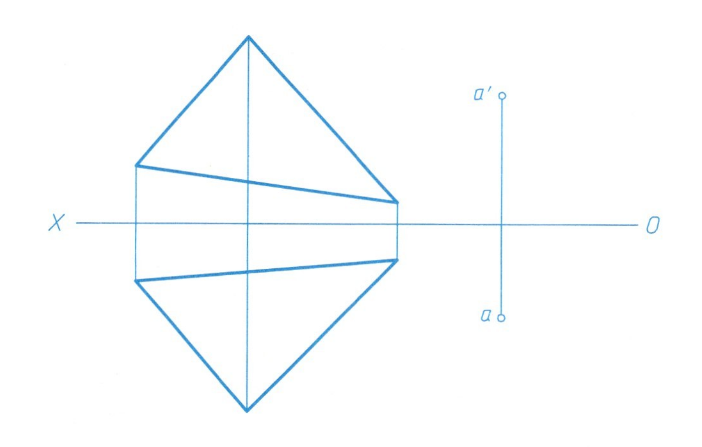

(2) 过直线AB作△ABC∥DE。

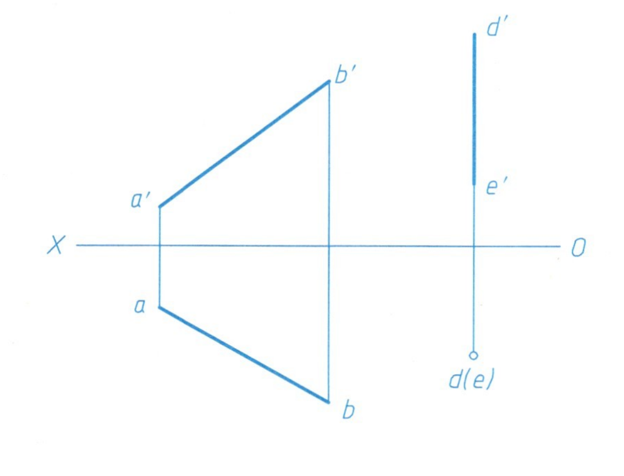

2-25 已知△ABC平行于▱DEFG，作出其水平投影。

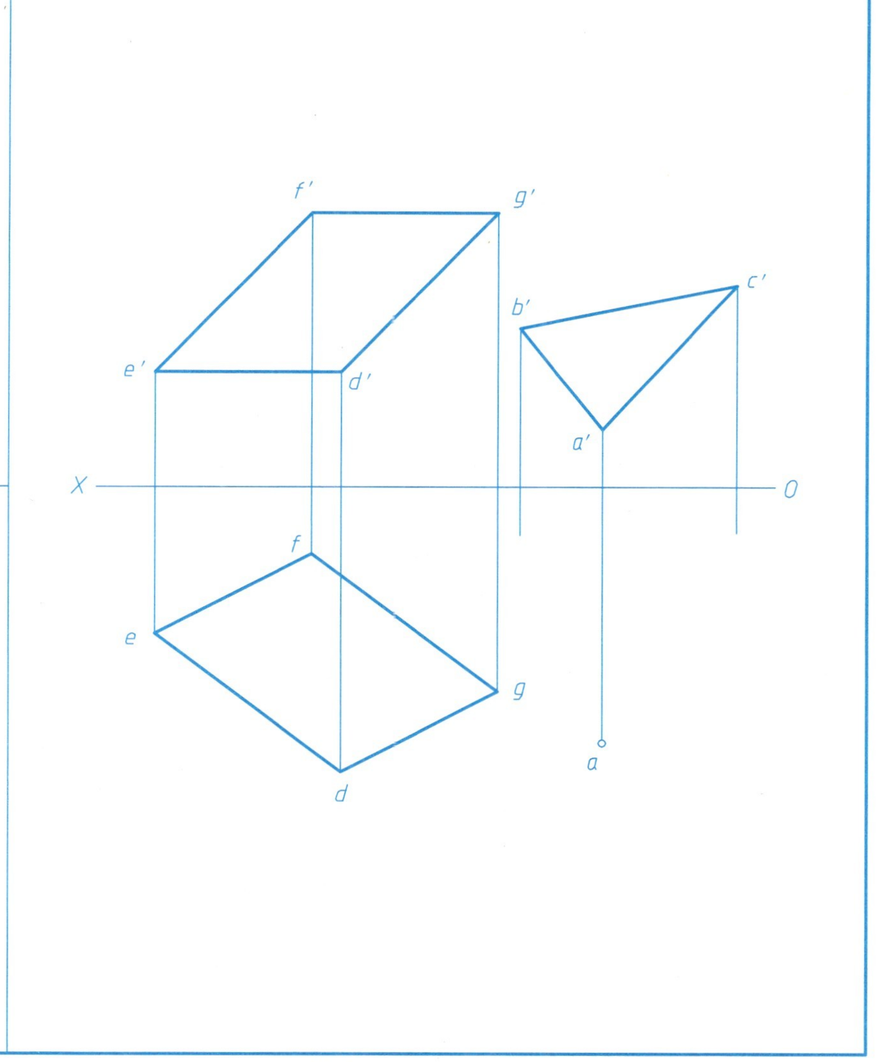

2-26 求直线与平面的交点，并判别可见性。

2-27 求两平面的交线，并判别可见性。

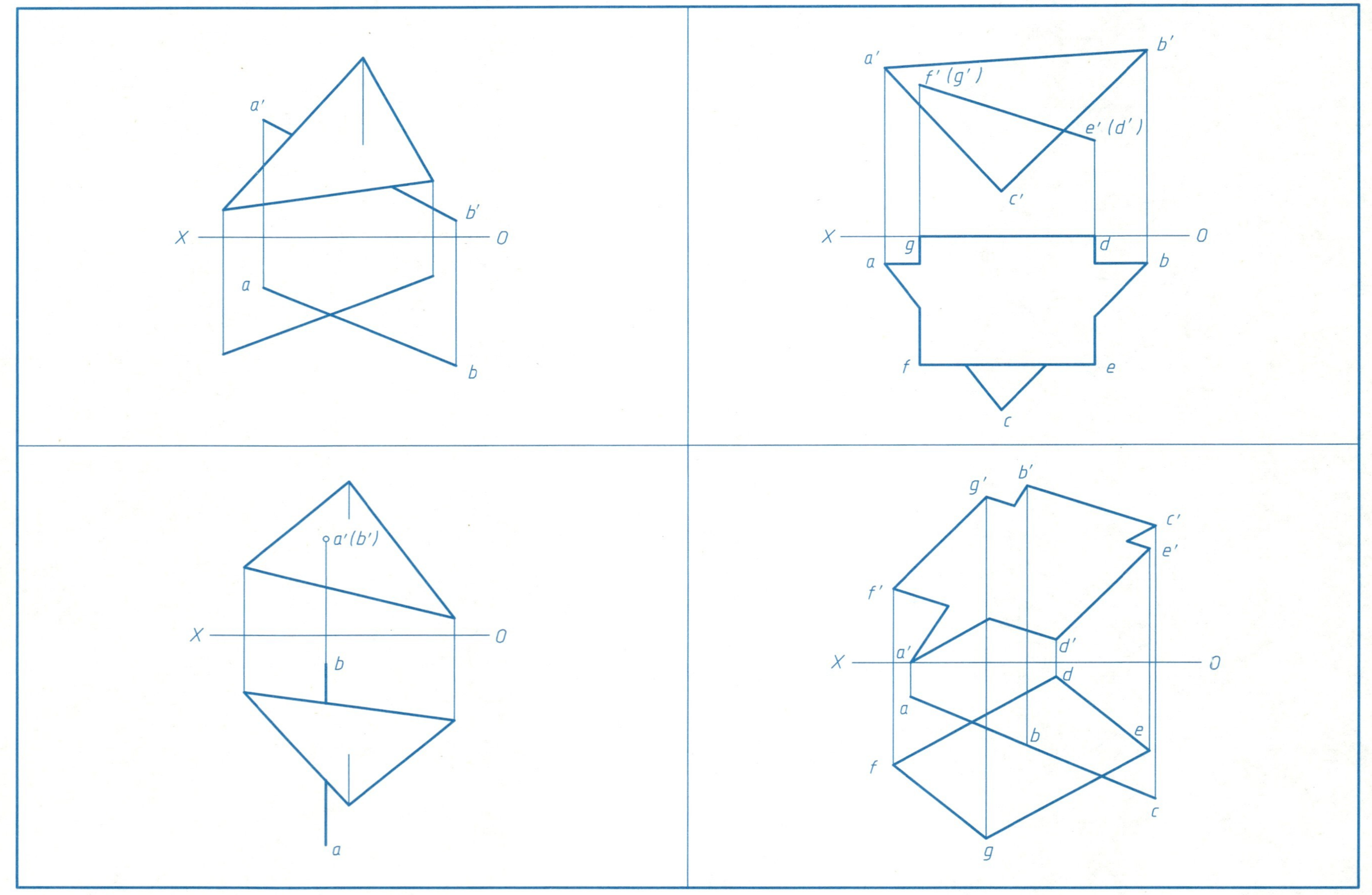

3-1 作出棱柱的水平投影及表面各点所缺的投影。

3-2 作出正三棱锥的侧面投影及表面各点所缺的投影。

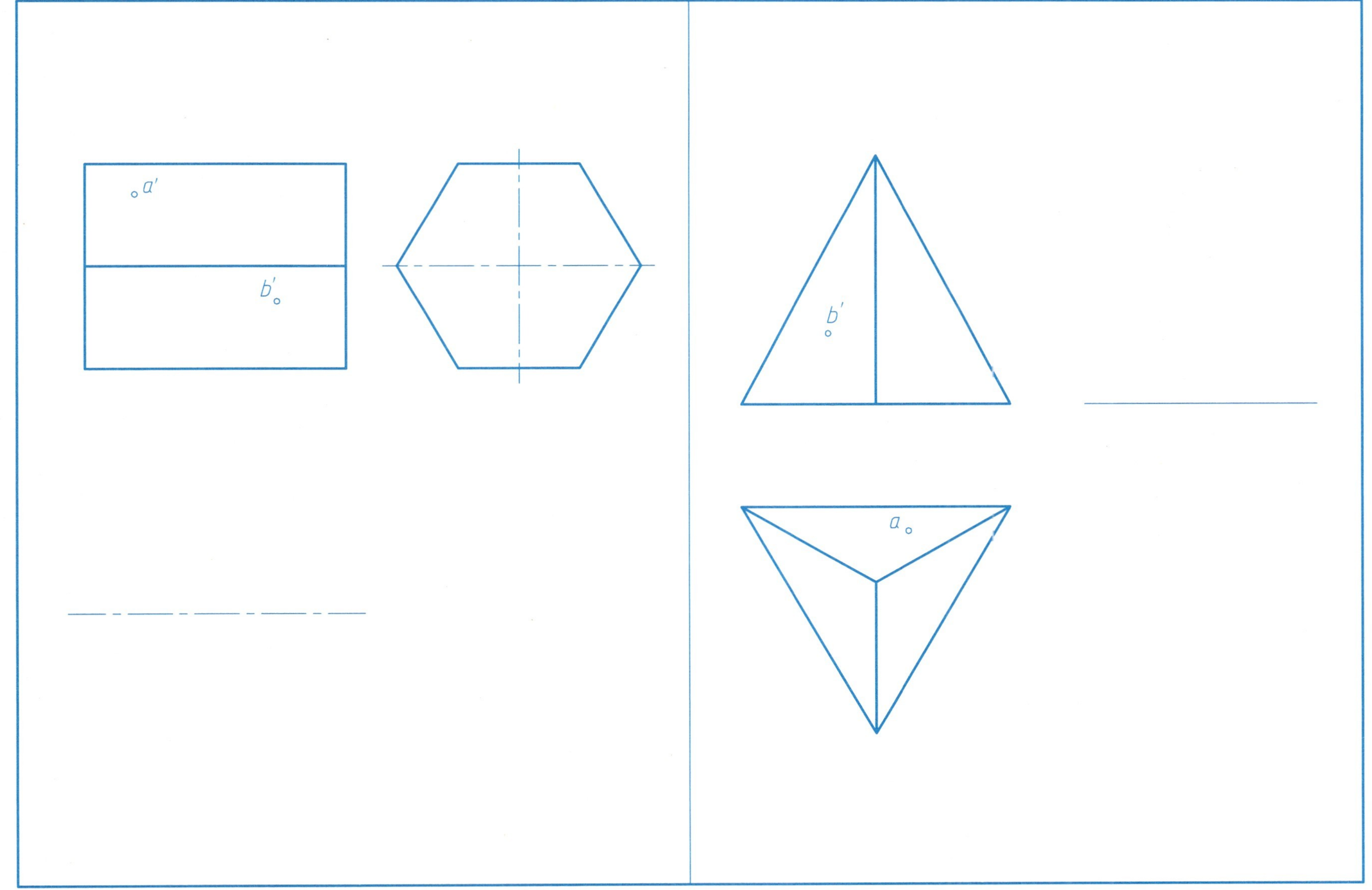

3-3 完成正六棱柱被截切后的侧面投影。

3-4 完成正三棱柱被截切后的侧面投影。

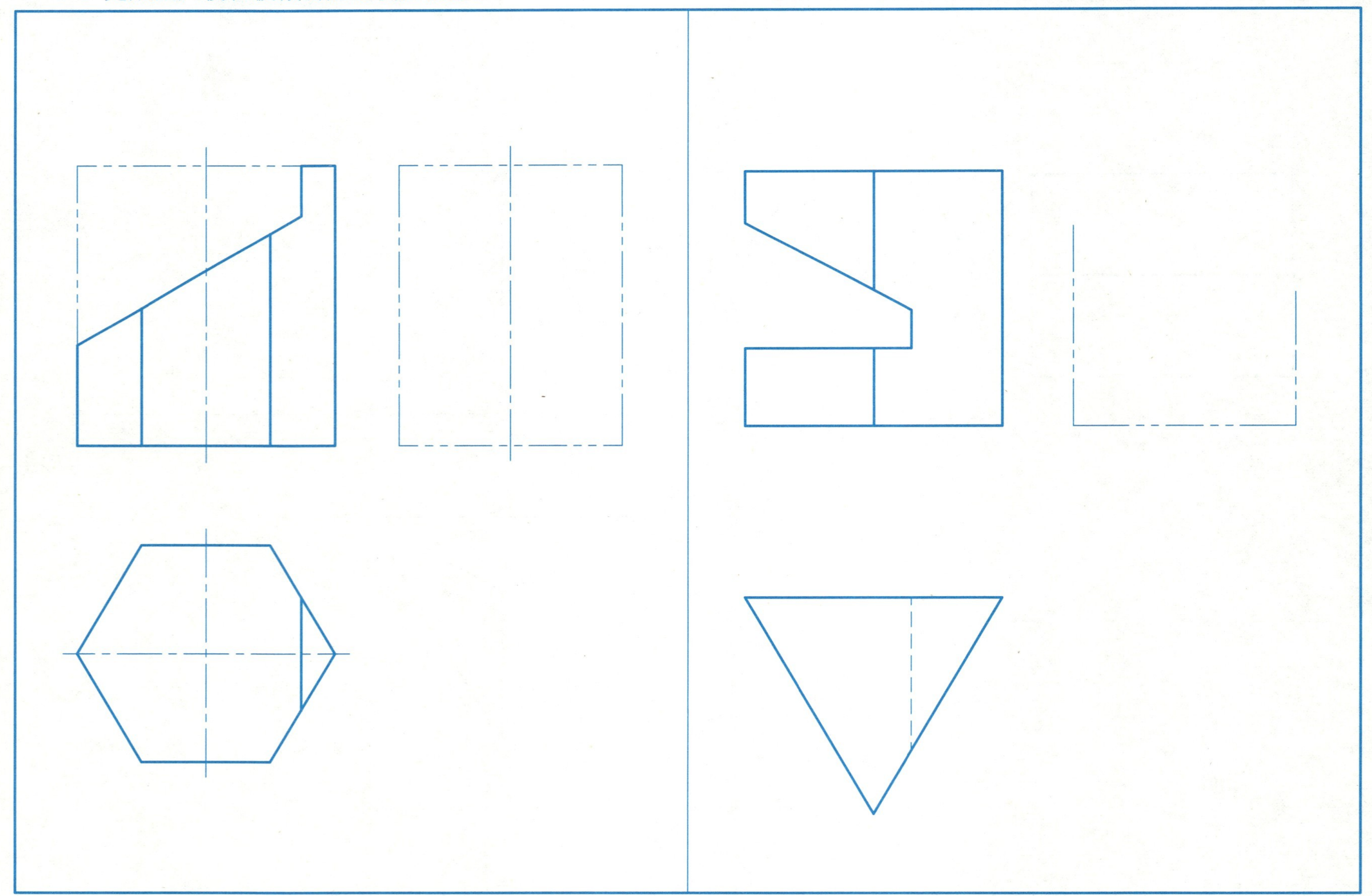

3-5 补出圆柱的正面投影及表面各点所缺的投影。

3-6 补出圆锥的侧面投影及表面各点所缺的投影。

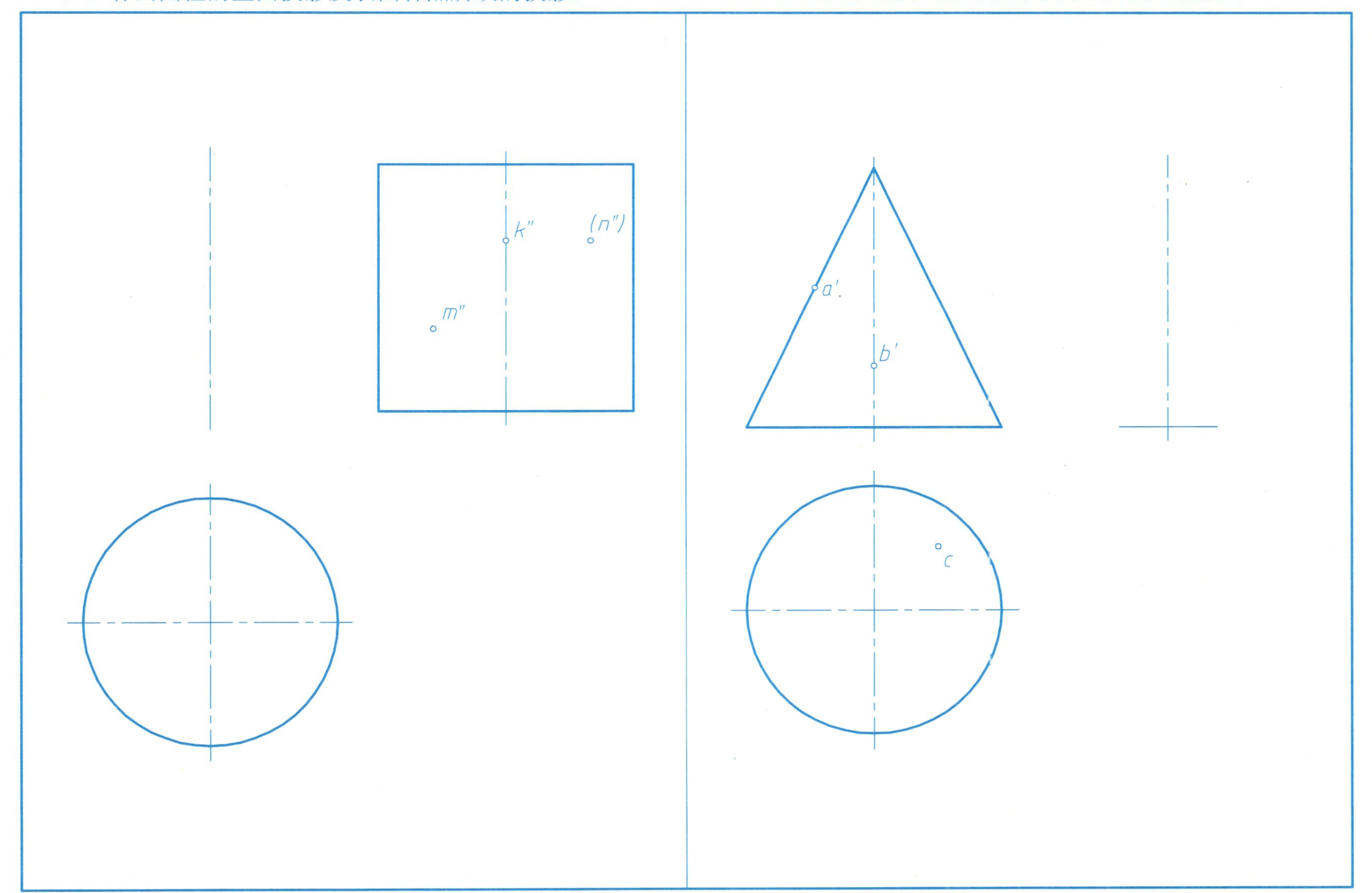

3-7 作出平面P与圆柱截交线的另两个投影。

3-8 作出圆锥被截切后的另两个投影。

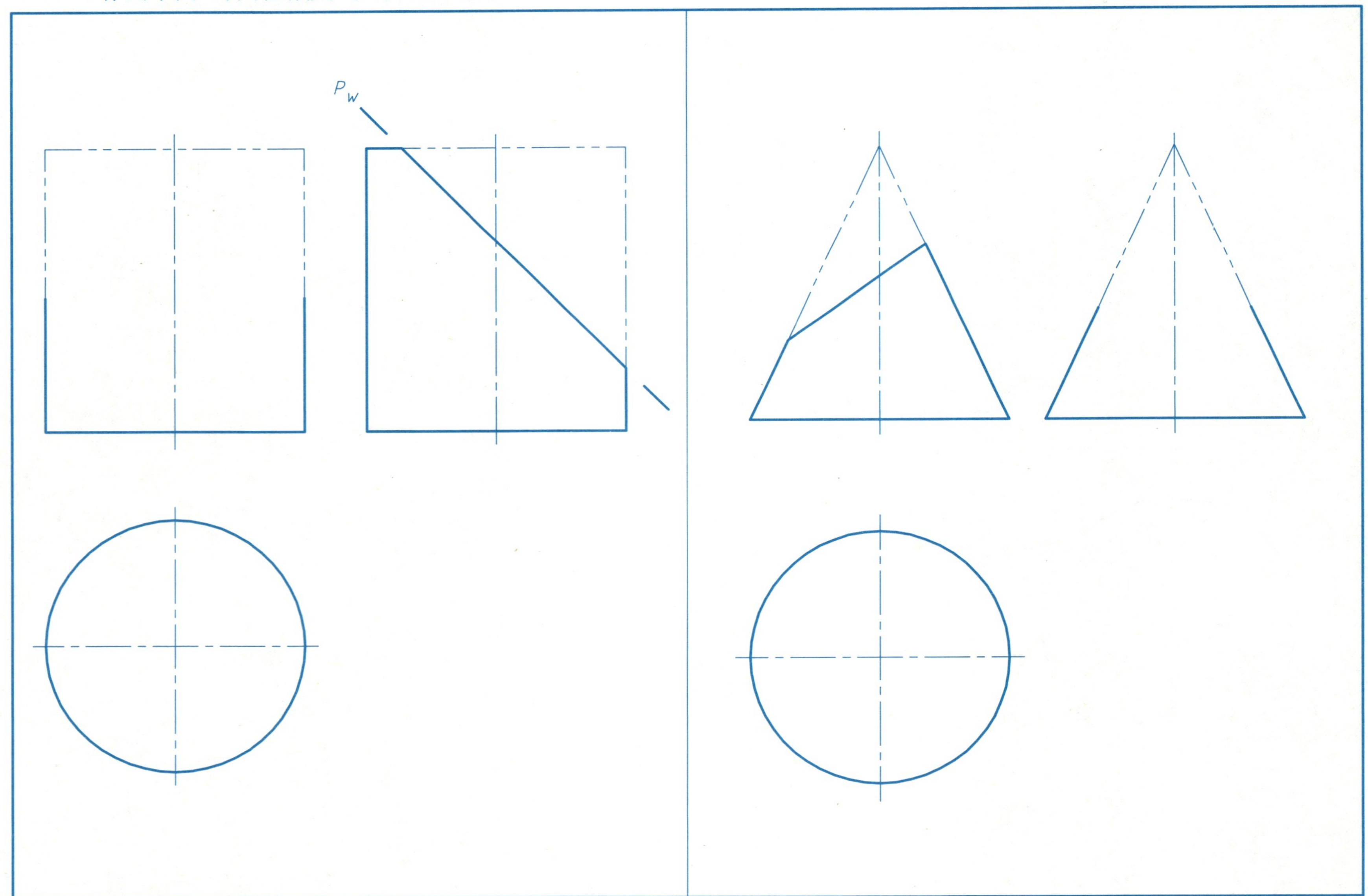

3-9 作出圆柱被截切后的另两个投影。

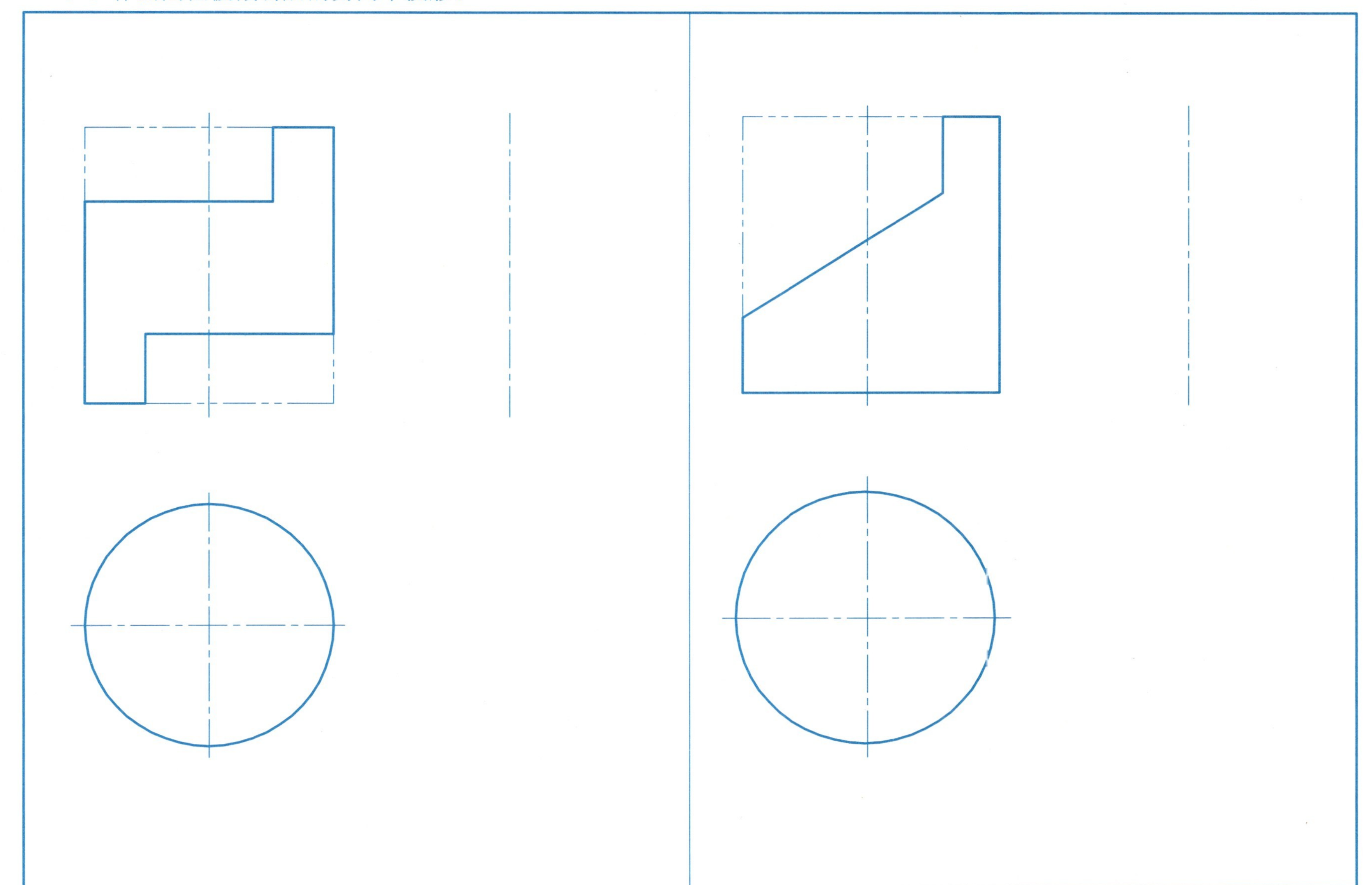

3-10 补全圆柱被截切后的正面投影和侧面投影。

3-11 求带缺口圆柱的侧面投影。

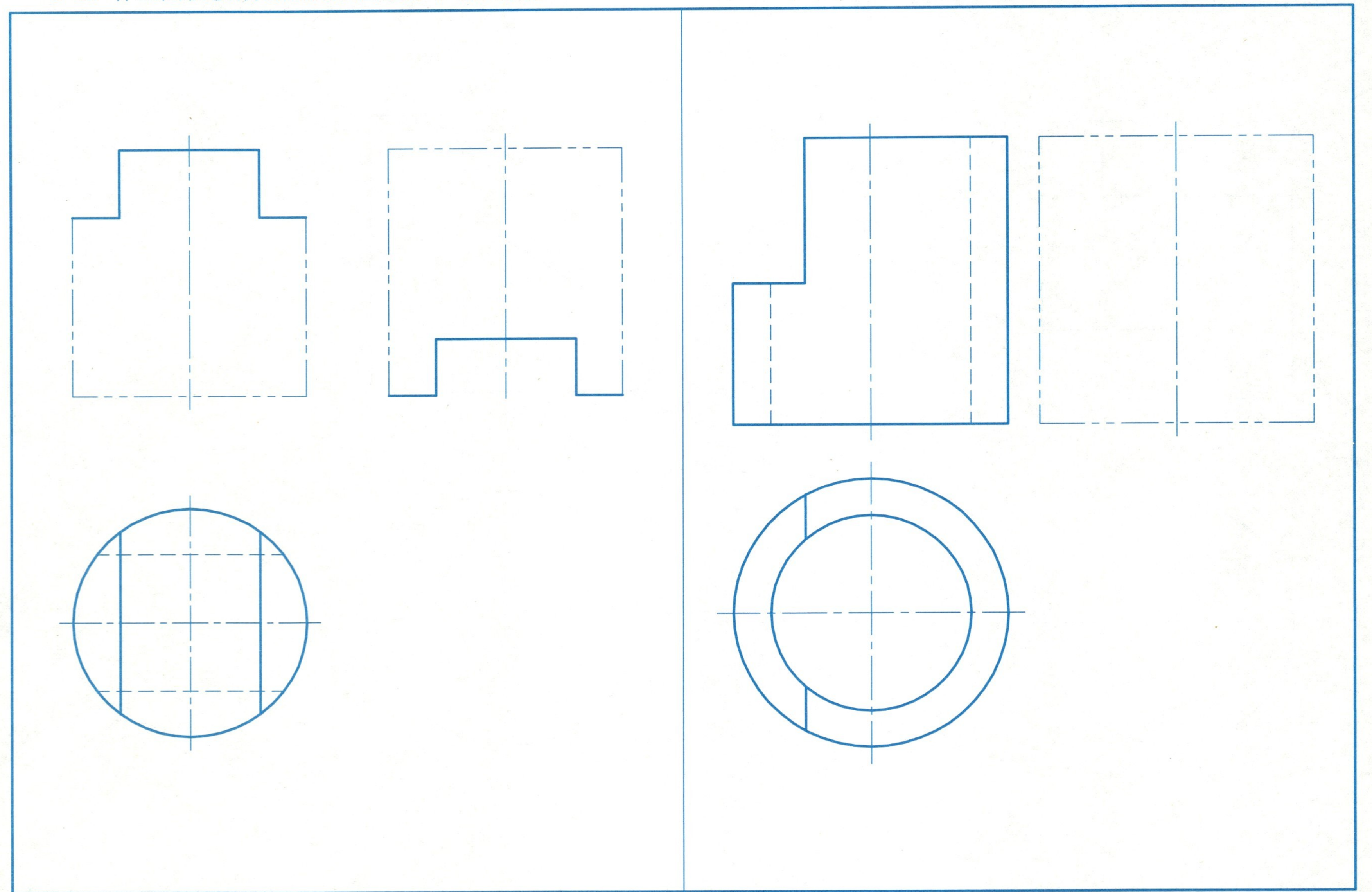

3-12 作出立体被截切后的侧面投影。

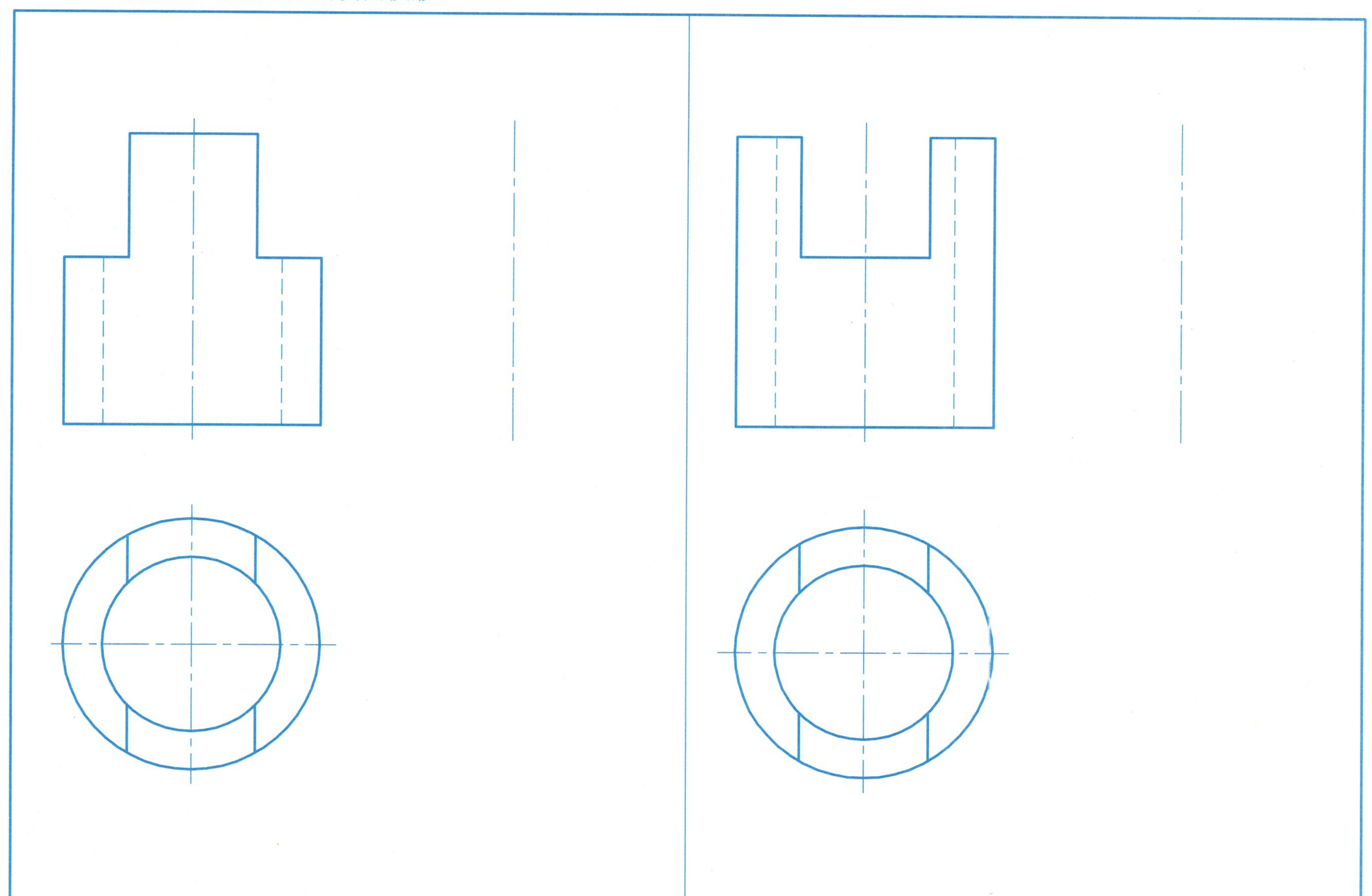

3-13 作出圆柱被挖切后的侧面投影。

3-14 作出圆柱管被切割后的水平投影和侧面投影。

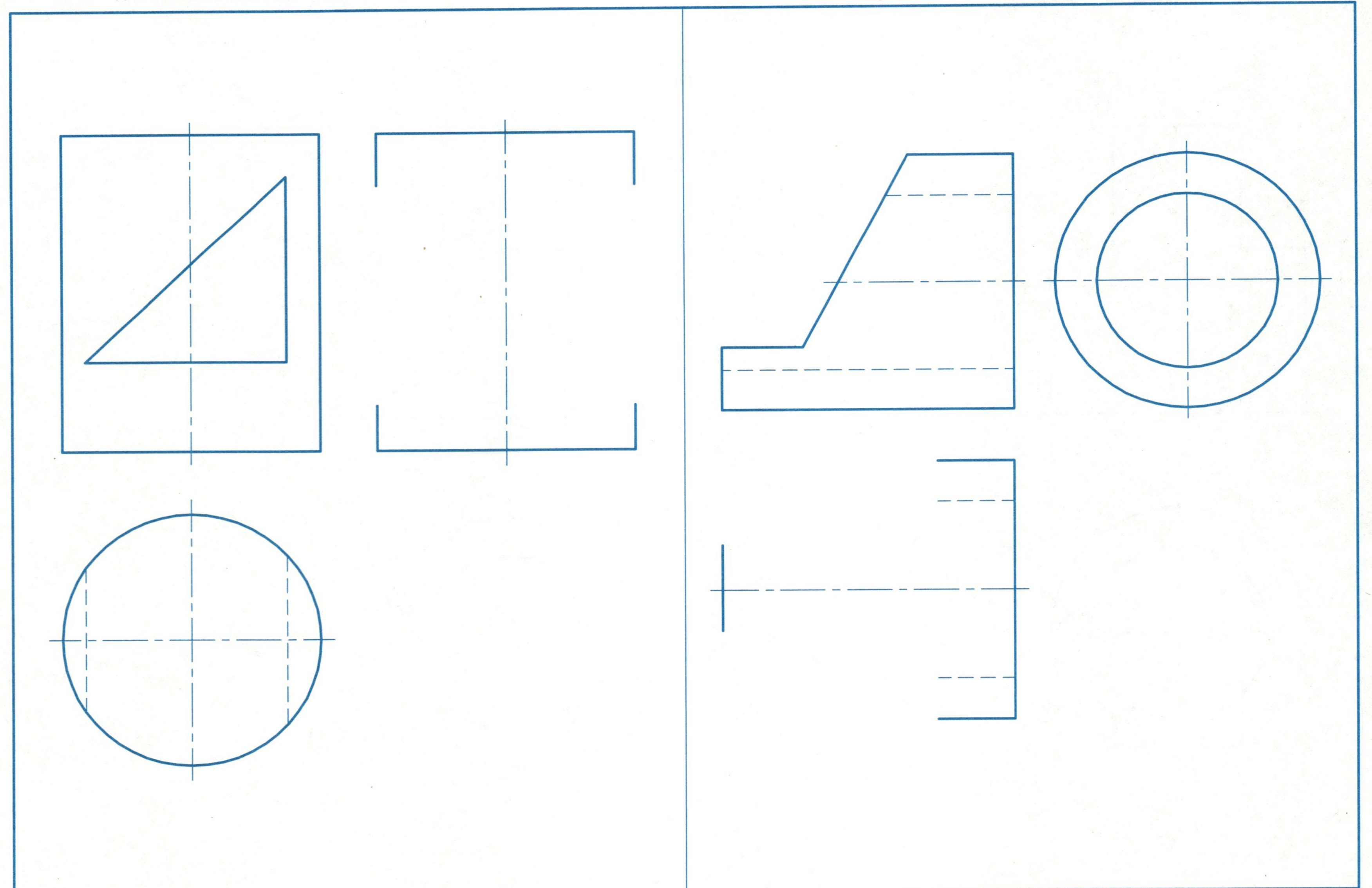

3-15 作出圆柱被截切后交线的正面投影和侧面投影。

3-16 作出圆柱被截切后的侧面投影。

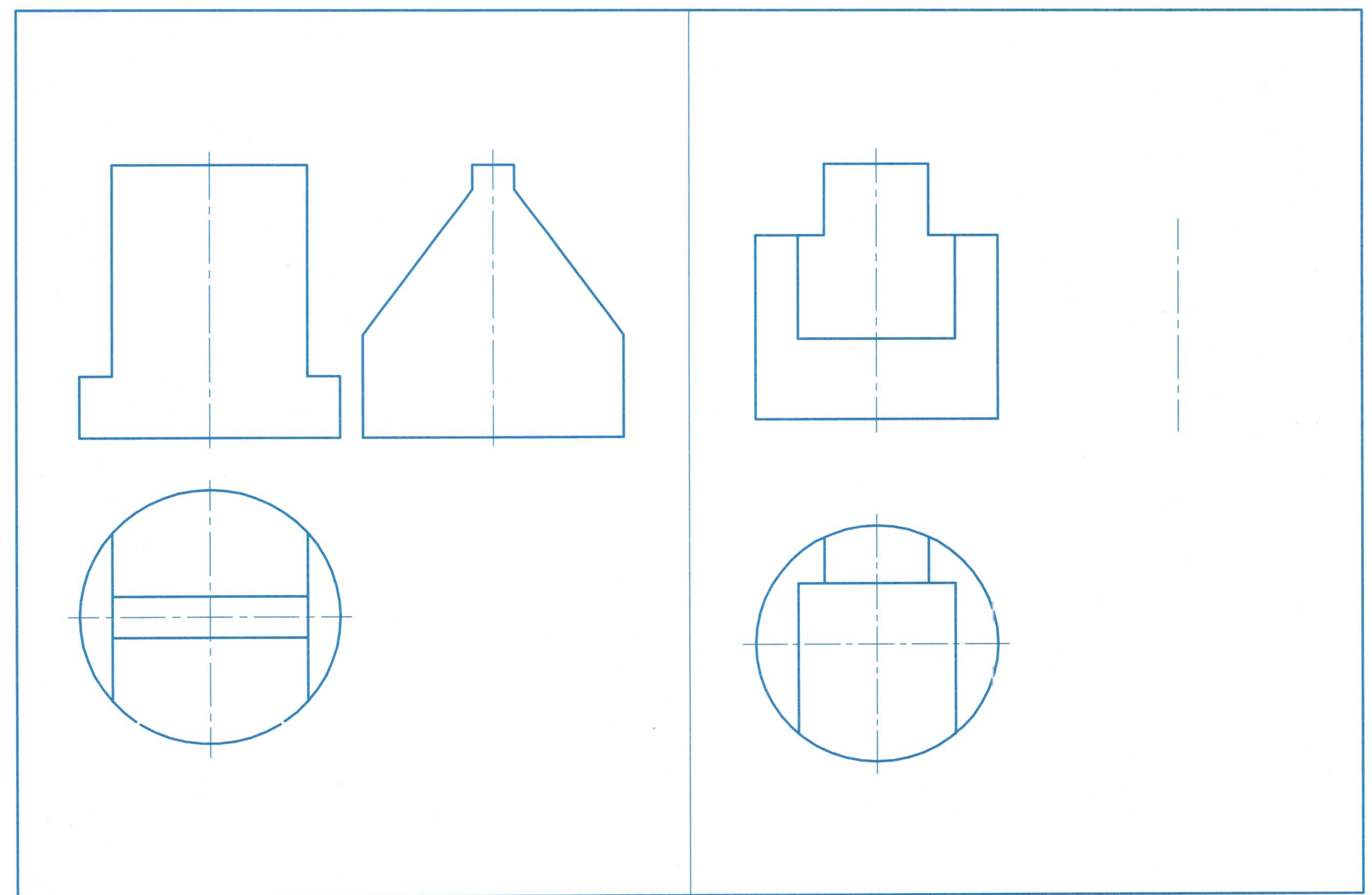

3-17 作出圆锥被截切后的水平投影和侧面投影。

3-18 完成顶尖的水平投影。

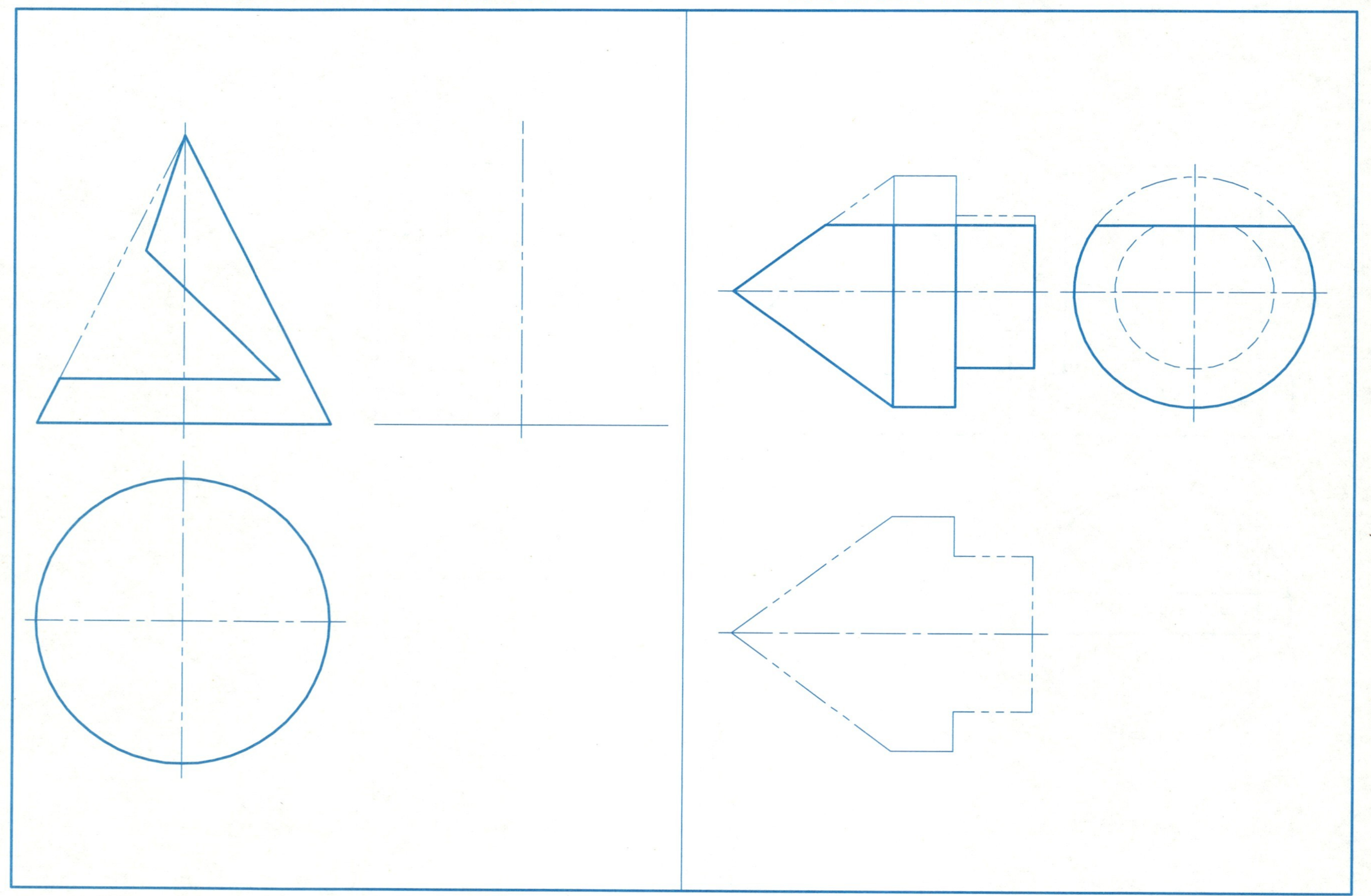

3-19 求两圆柱的相贯线。

3-20 求圆柱穿孔的相贯线。

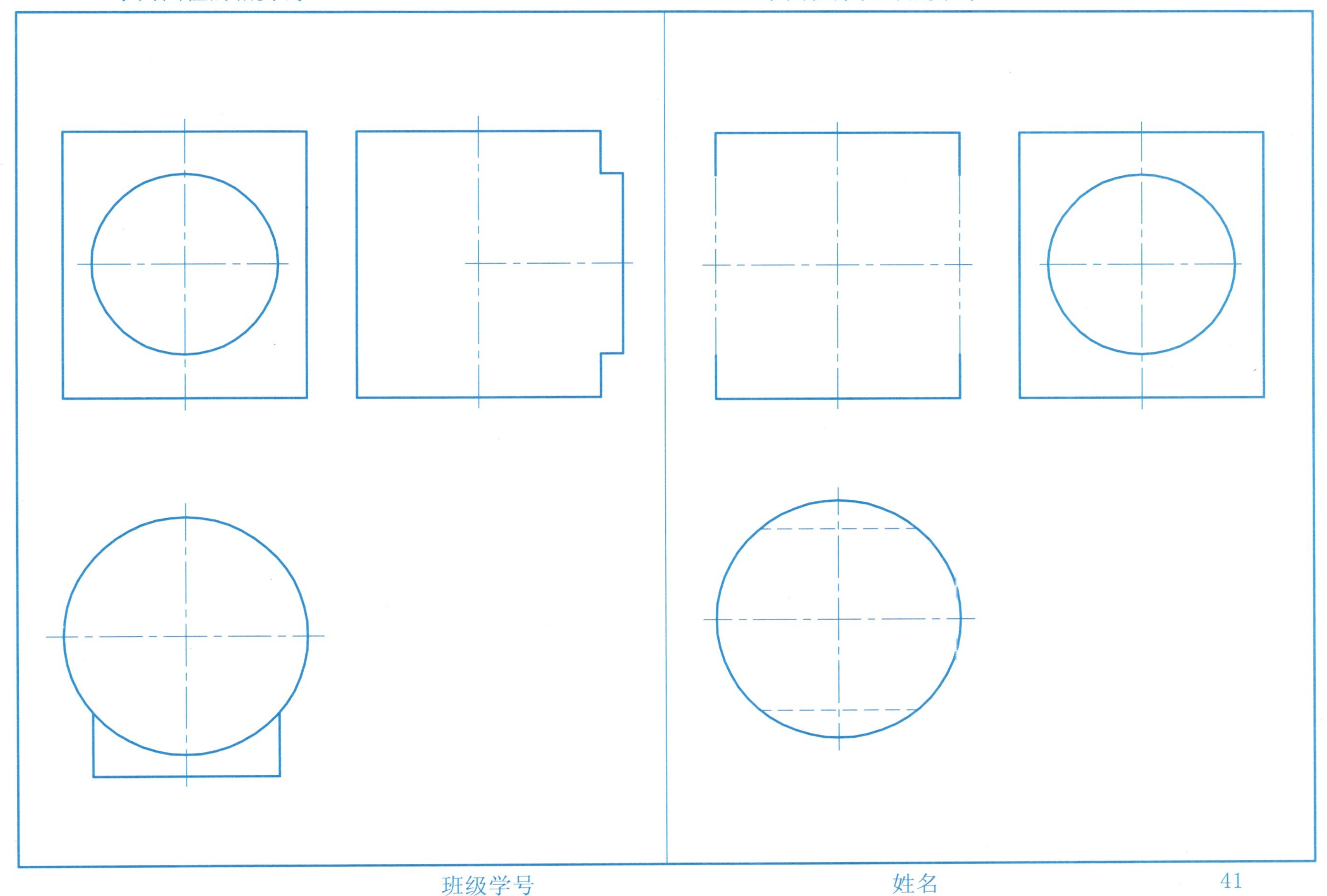

3-21 求圆柱与圆柱孔的相贯线。

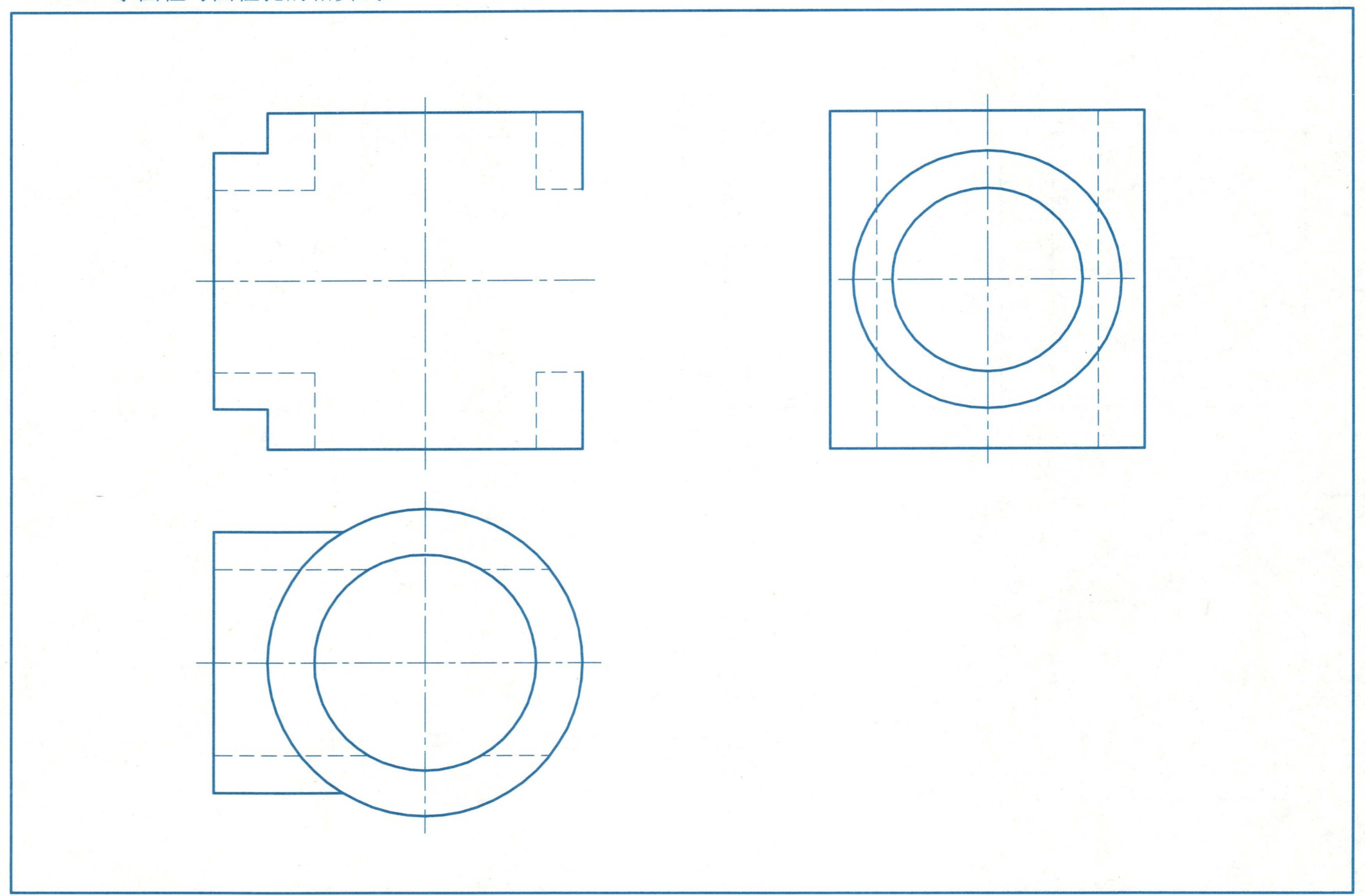

3-22 作出圆柱与圆锥的表面交线。

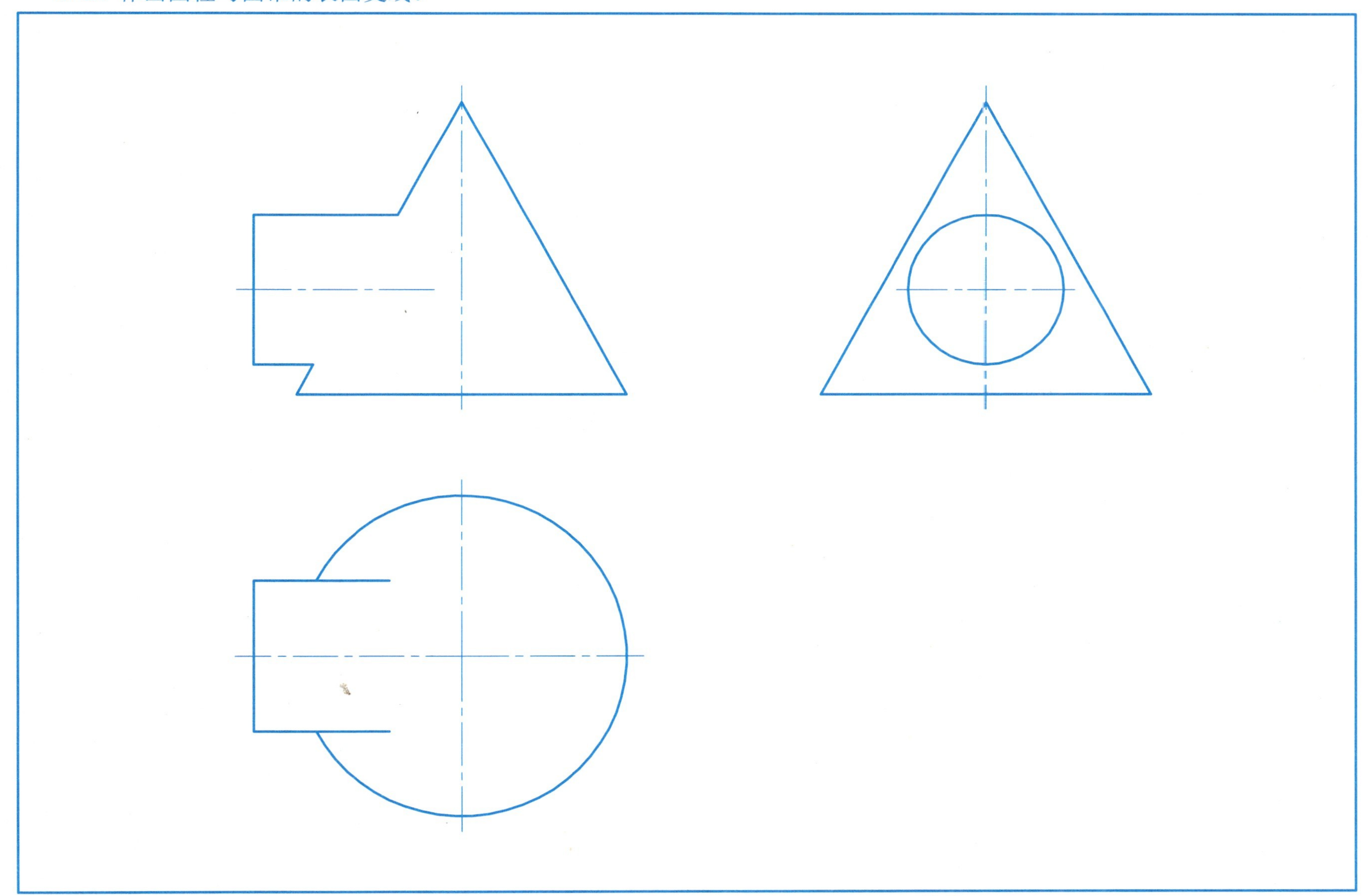

班级学号 姓名

3-23 补画立体表面交线的正面投影。

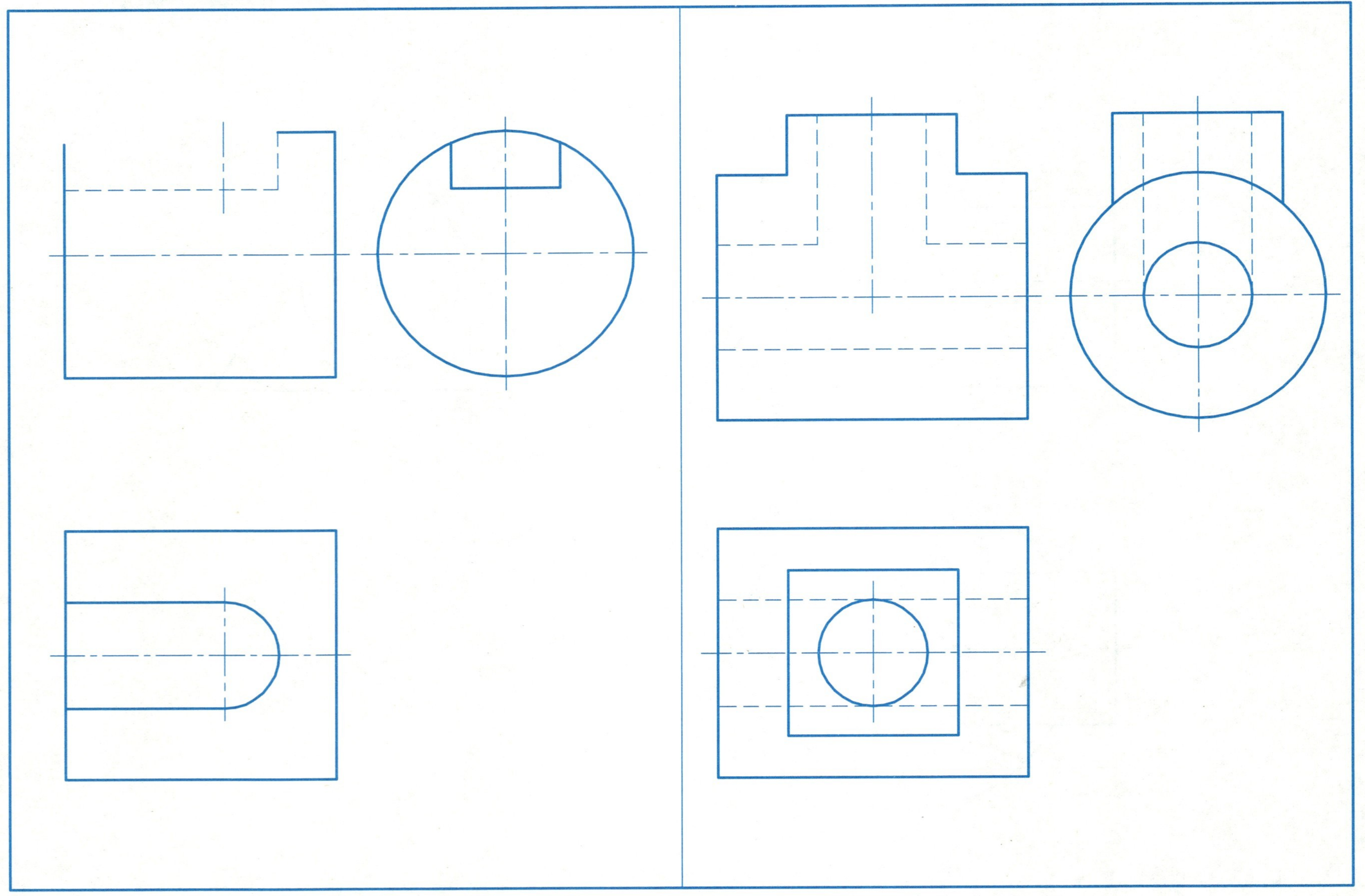

3-24 求两圆柱的相贯线。

3-25 求两圆柱孔表面的交线。

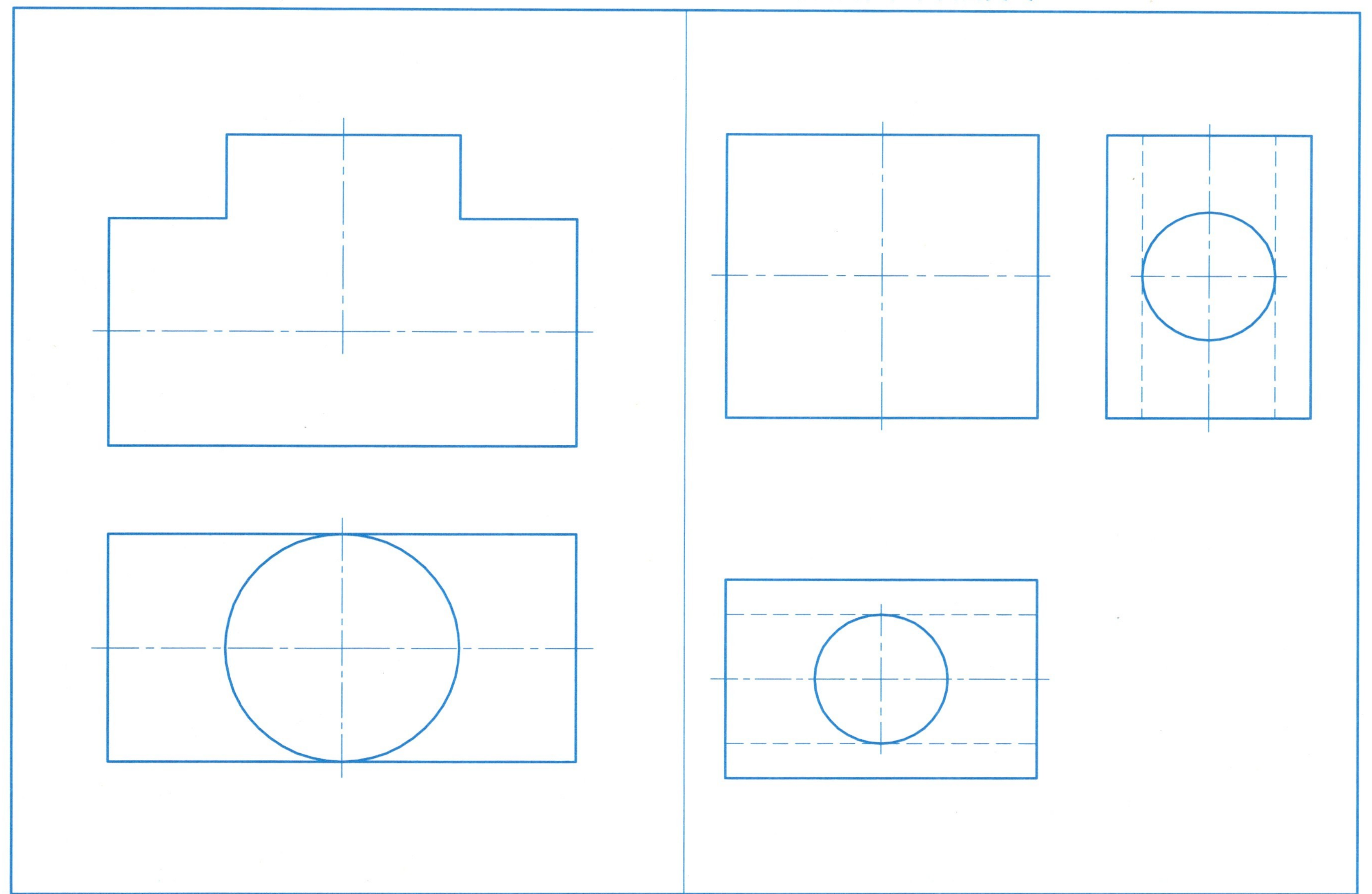

3-26 求圆柱与圆锥的相贯线。

3-27 求组合体的表面交线。

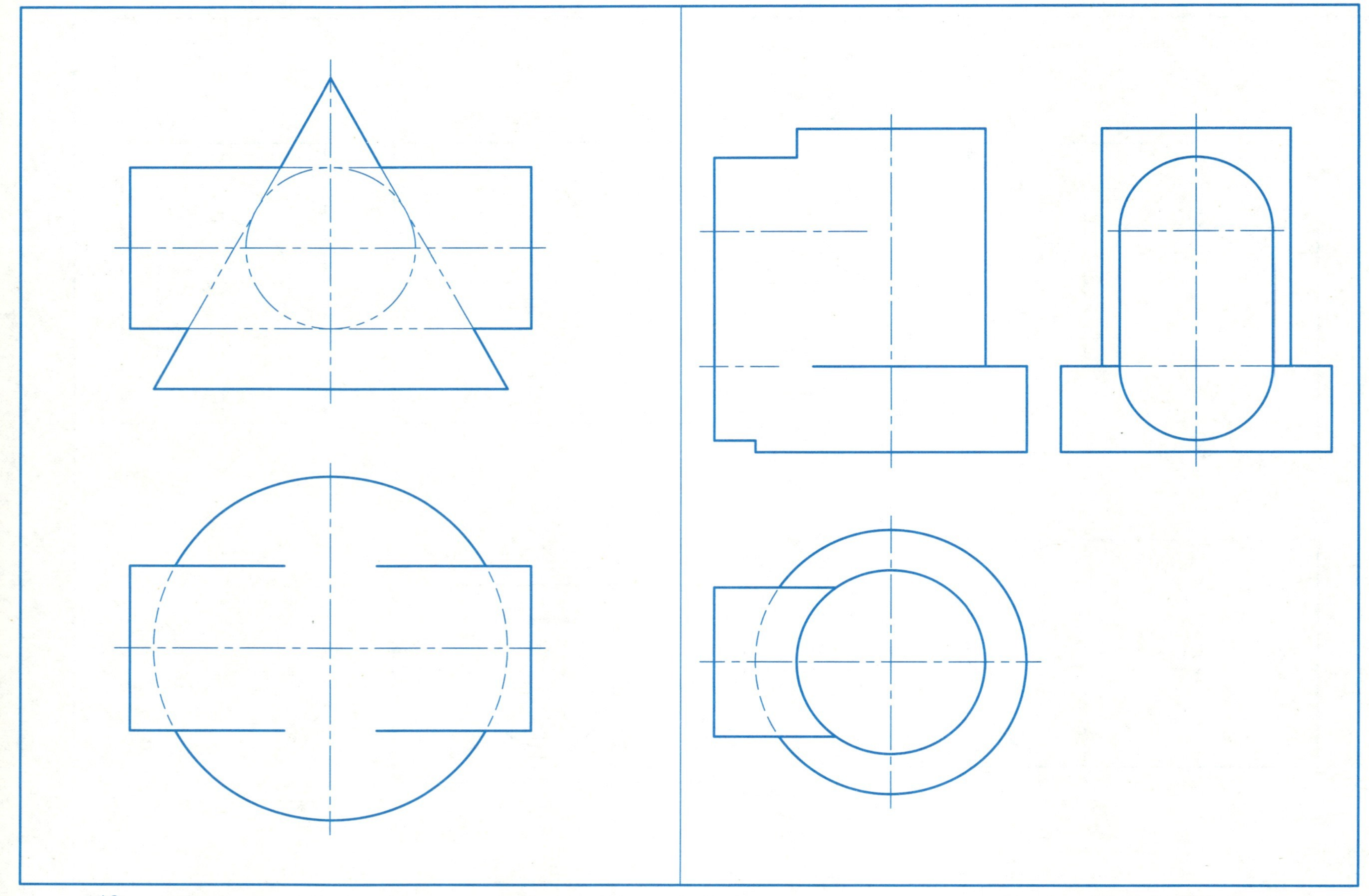

4-1 画正等轴测图。

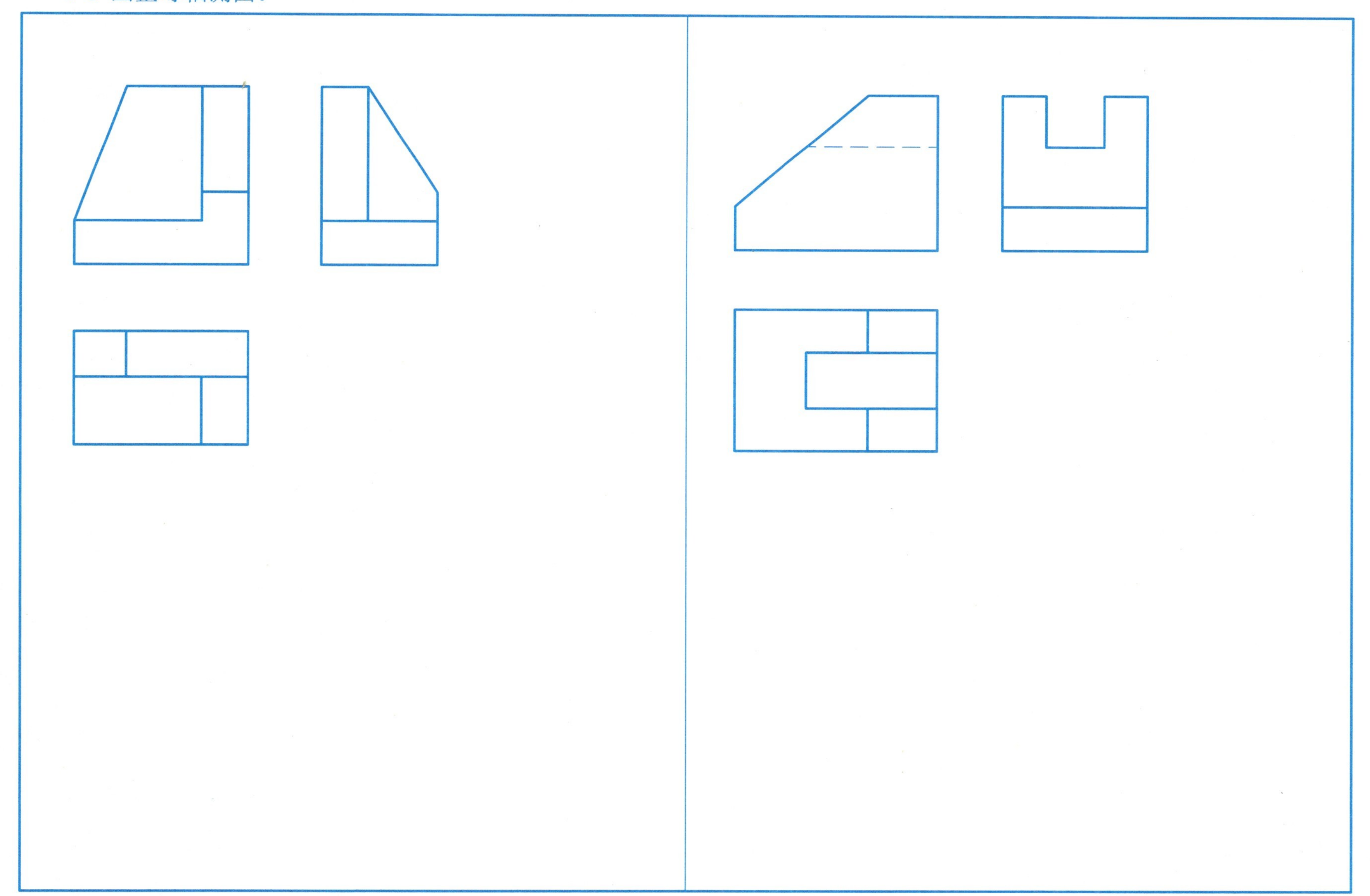

4-2 画出正六棱柱被截切后的正等轴测图。

4-3 画出平面立体的正等轴测图。

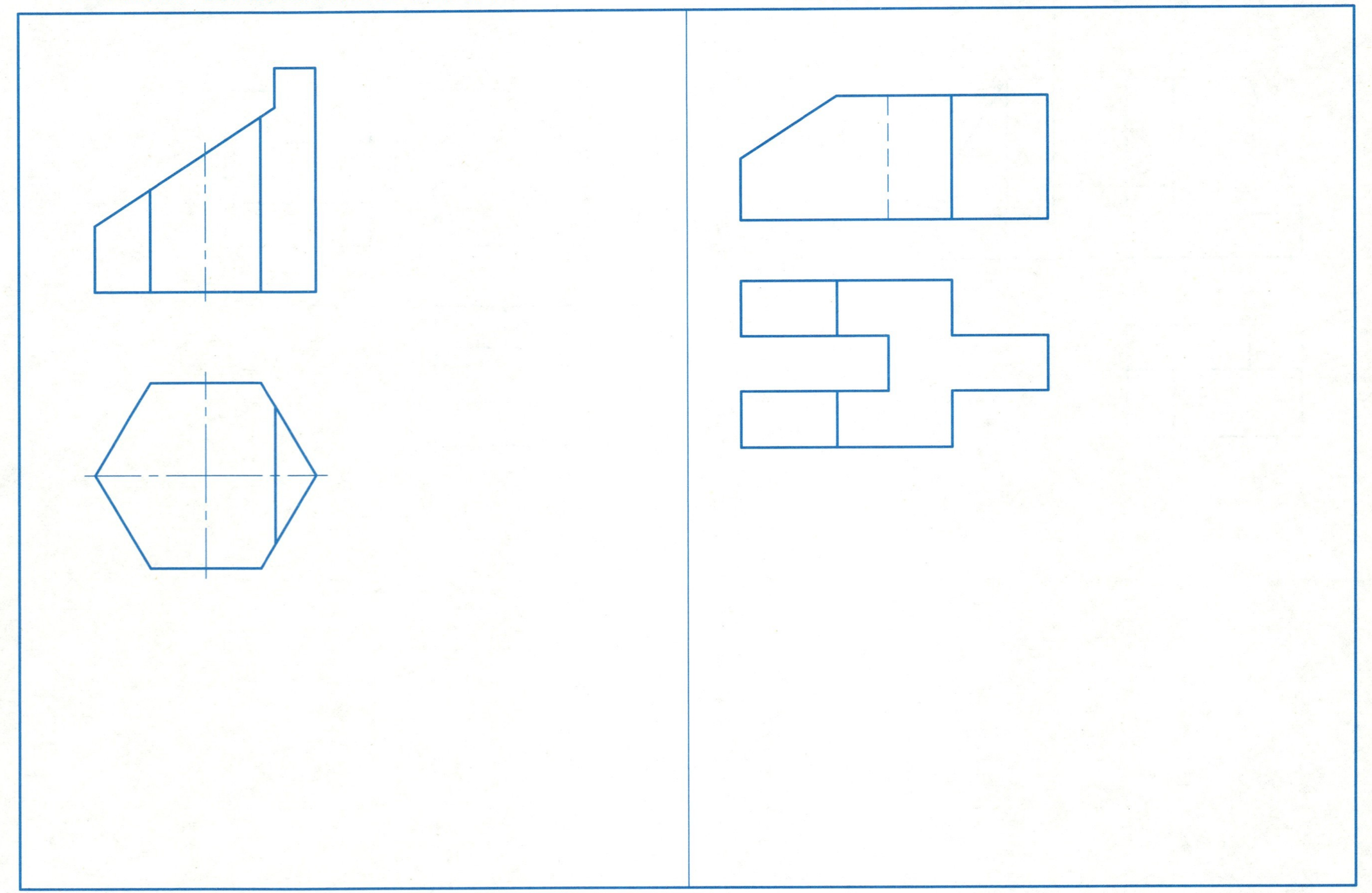

4-4 画出组合体的正等轴测图。

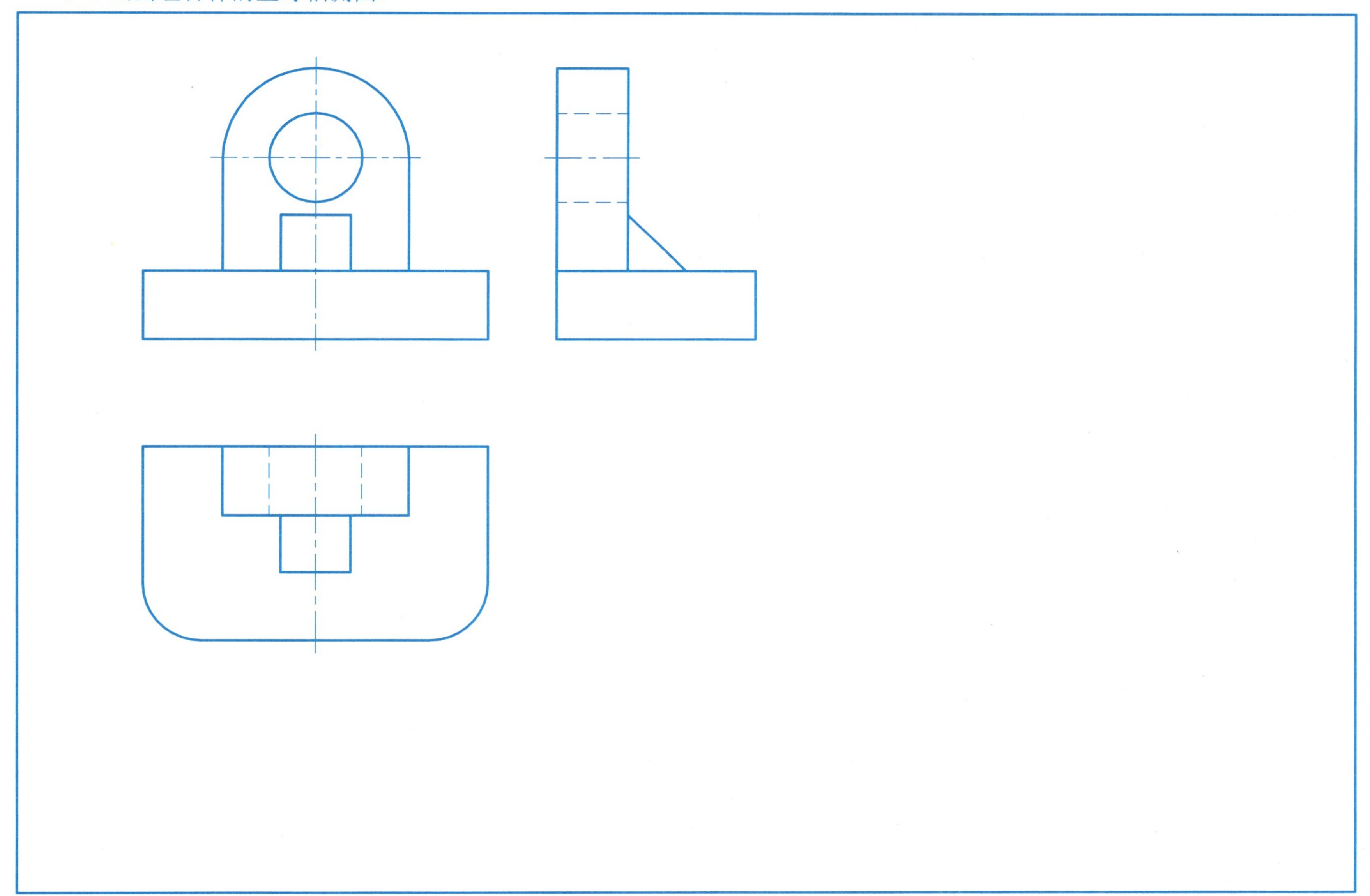

4-5 画出组合体的正等轴测图。

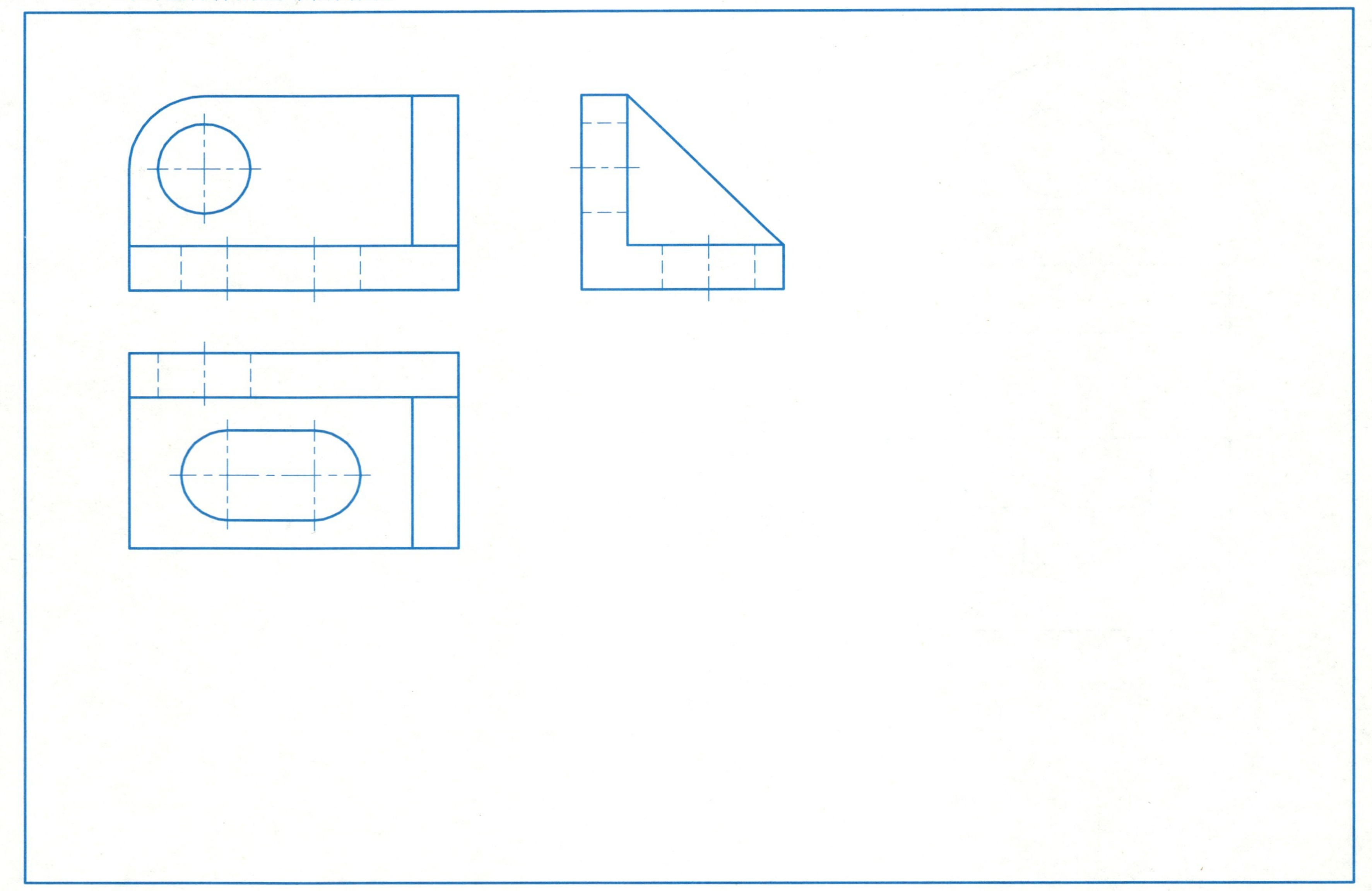

4-6 画出组合体的正等轴测图。

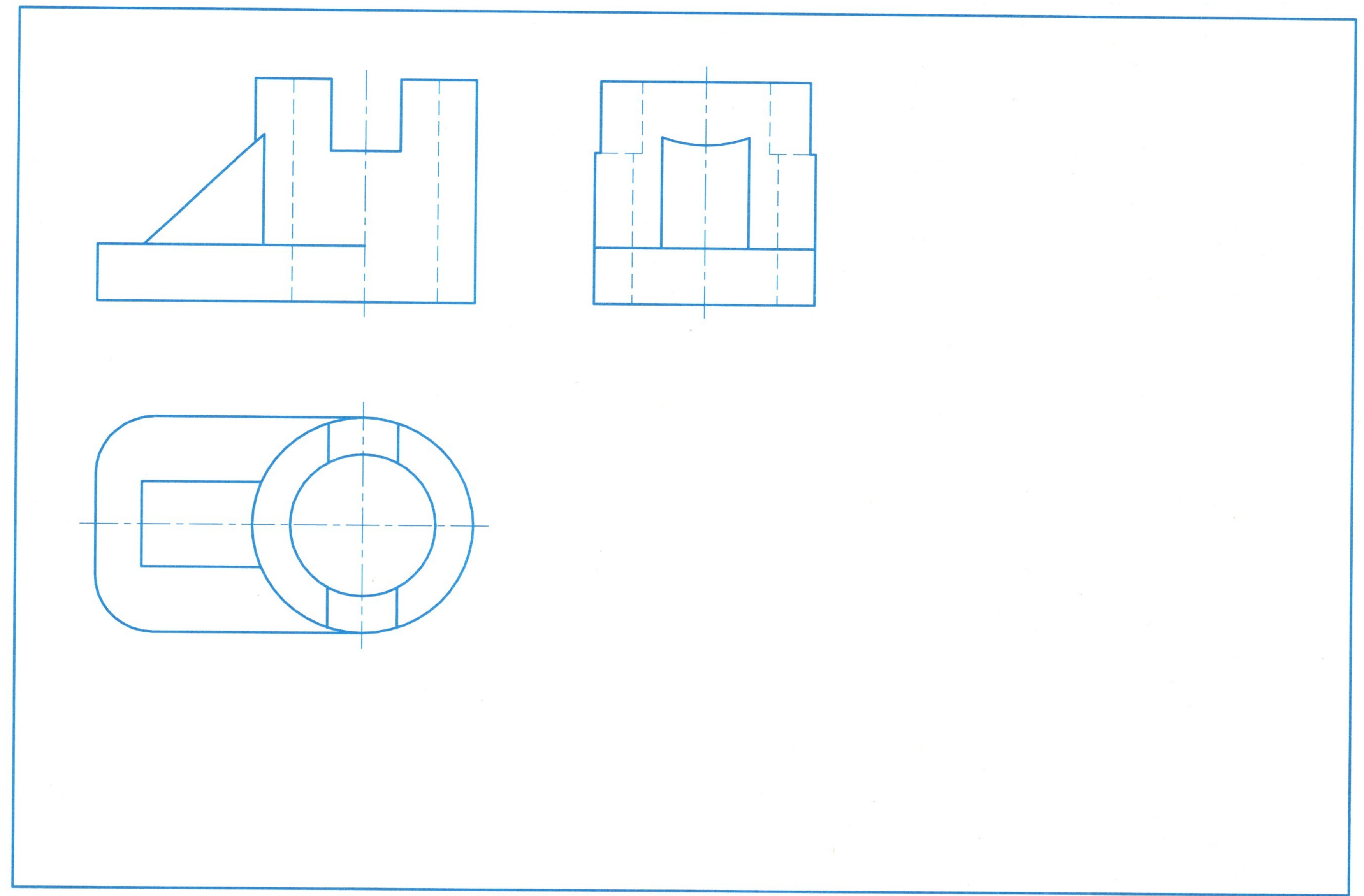

4-7 画出组合体的斜二测轴测图。

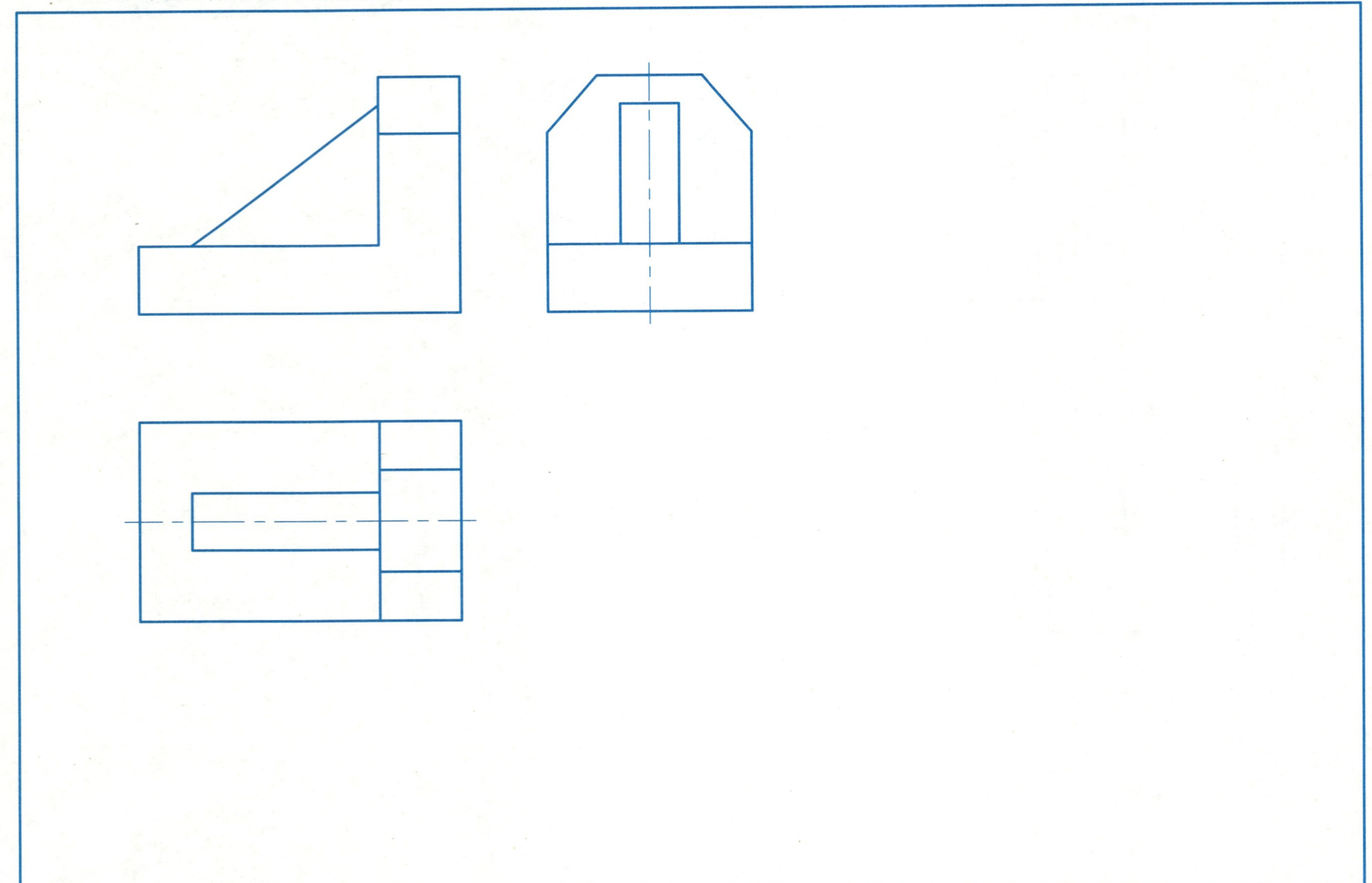

4-8 画出端盖的斜二测轴测图。

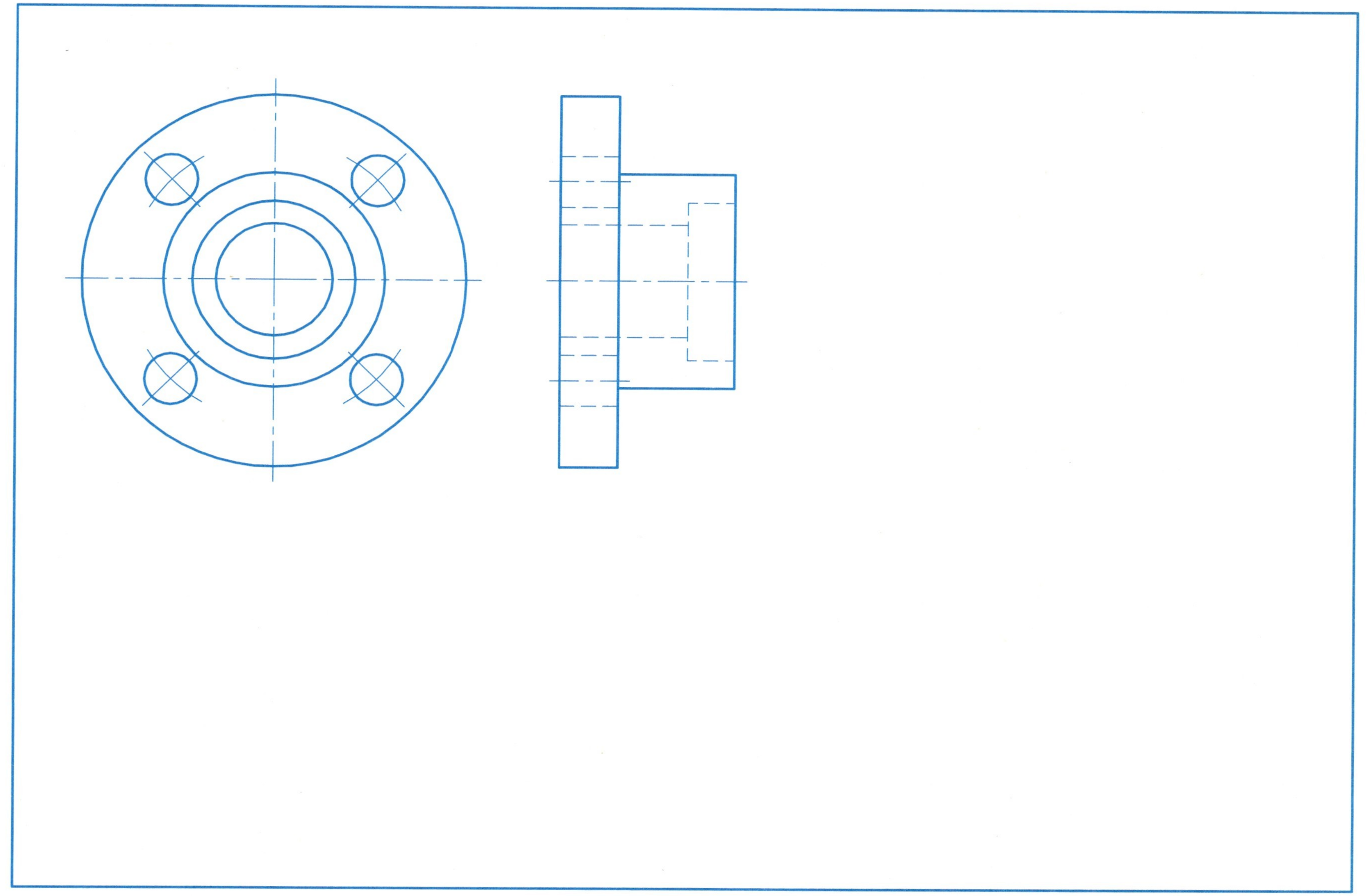

4-9 画出组合体的斜二测轴测图。

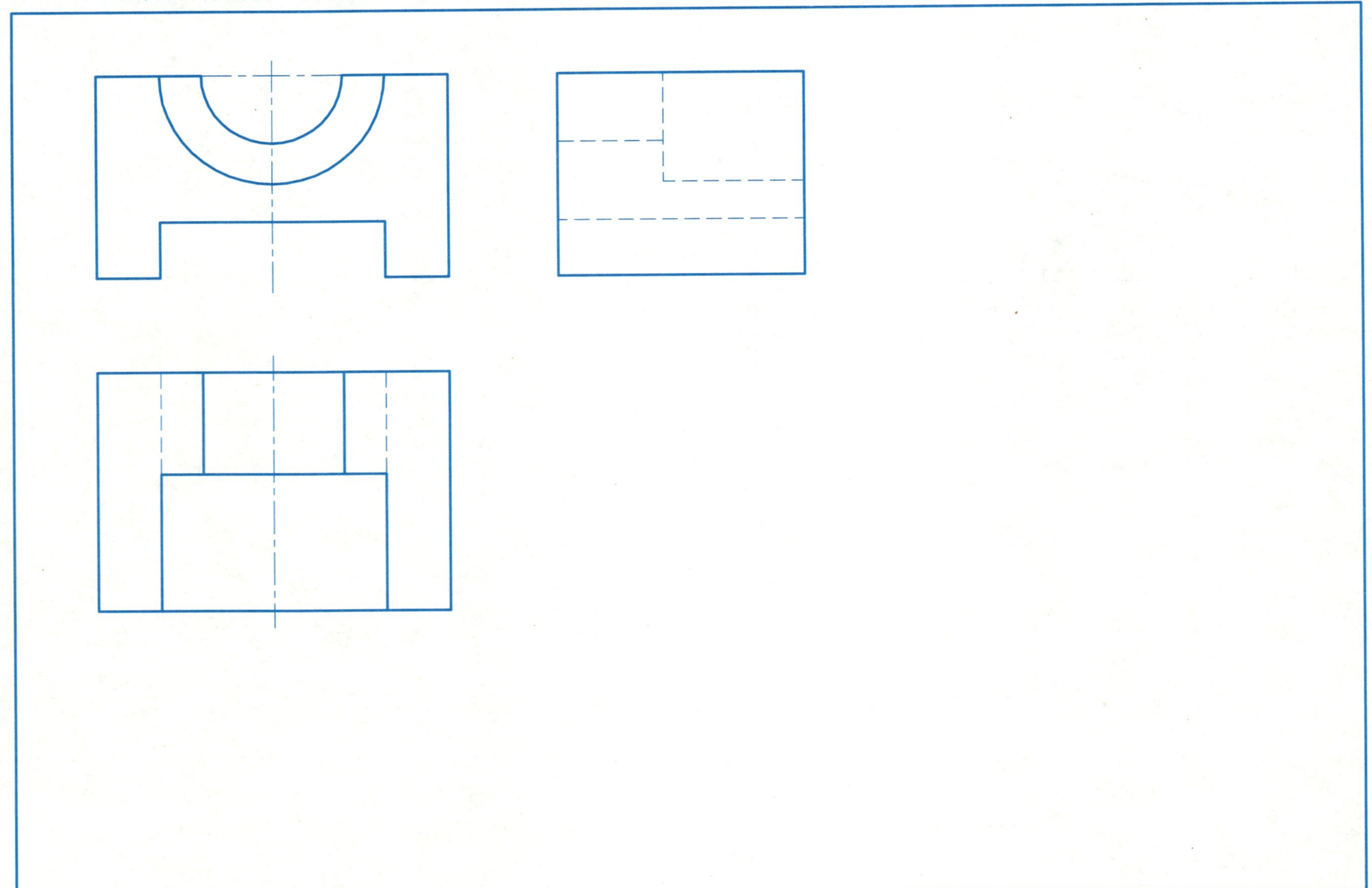

5-1 根据组合体表面间的位置关系，补画正面投影图中缺少的图线。

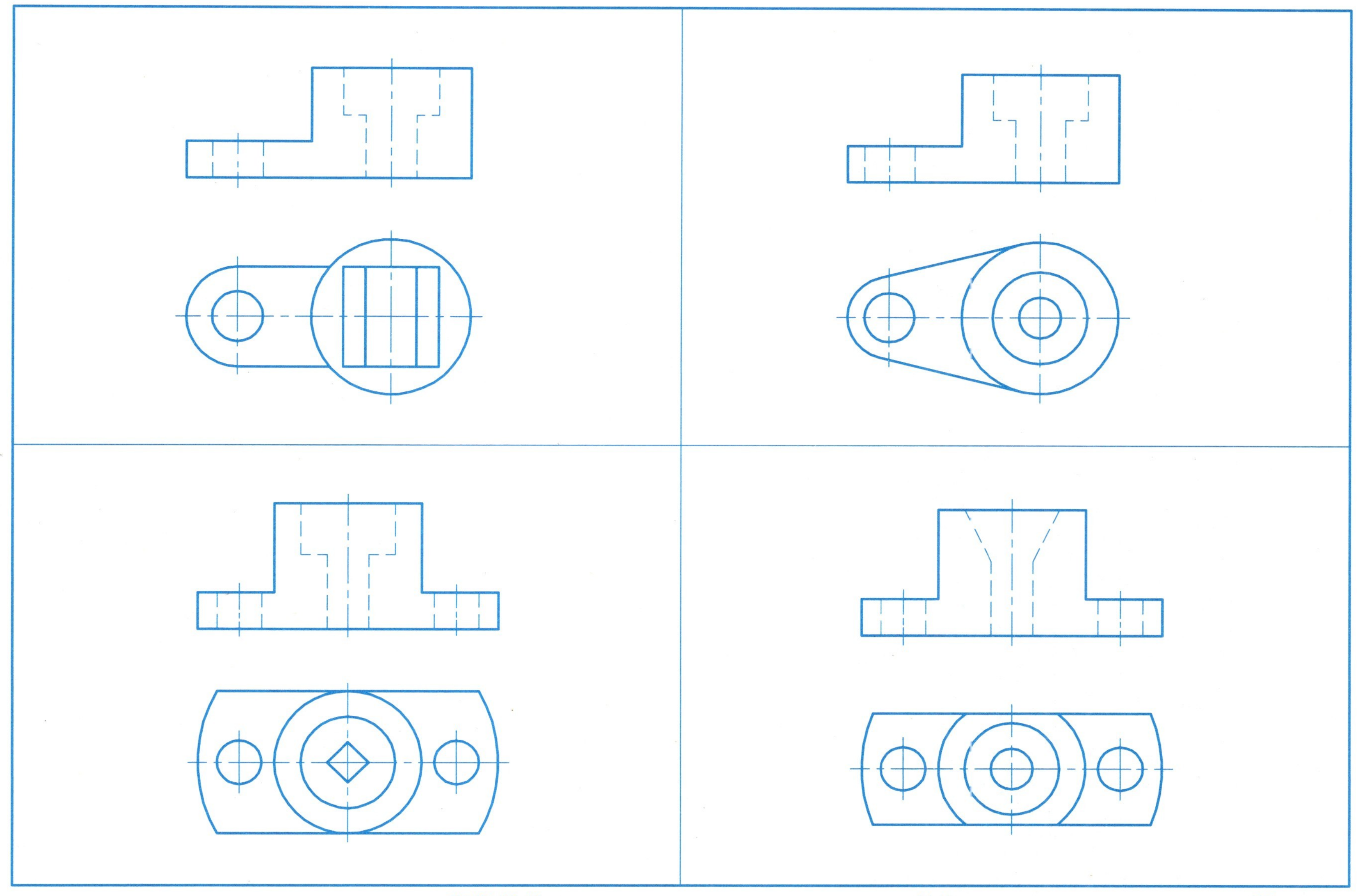

5-2 由立体图画出组合体的三视图。

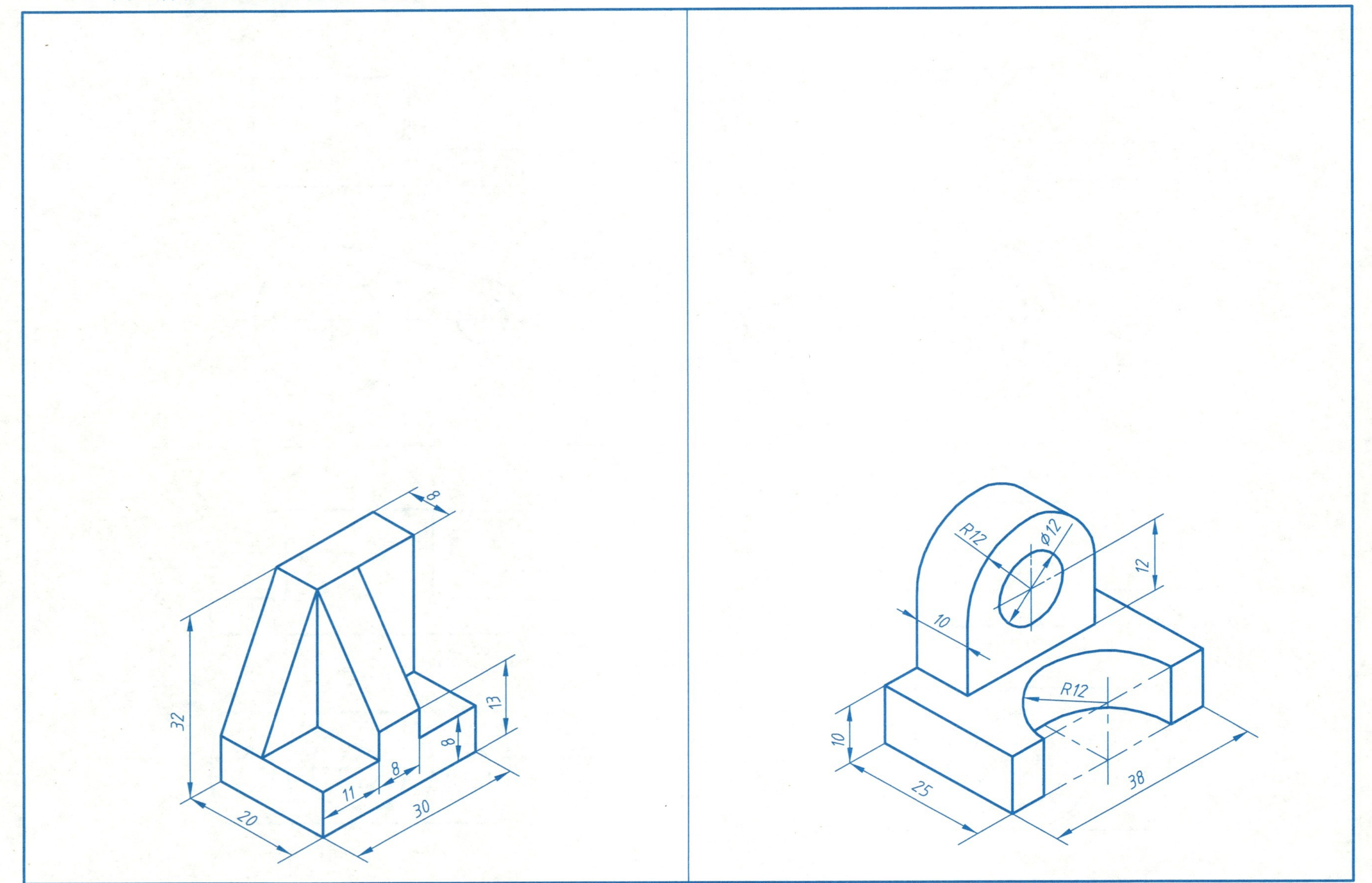

5-3 由立体图画出组合体的三视图。

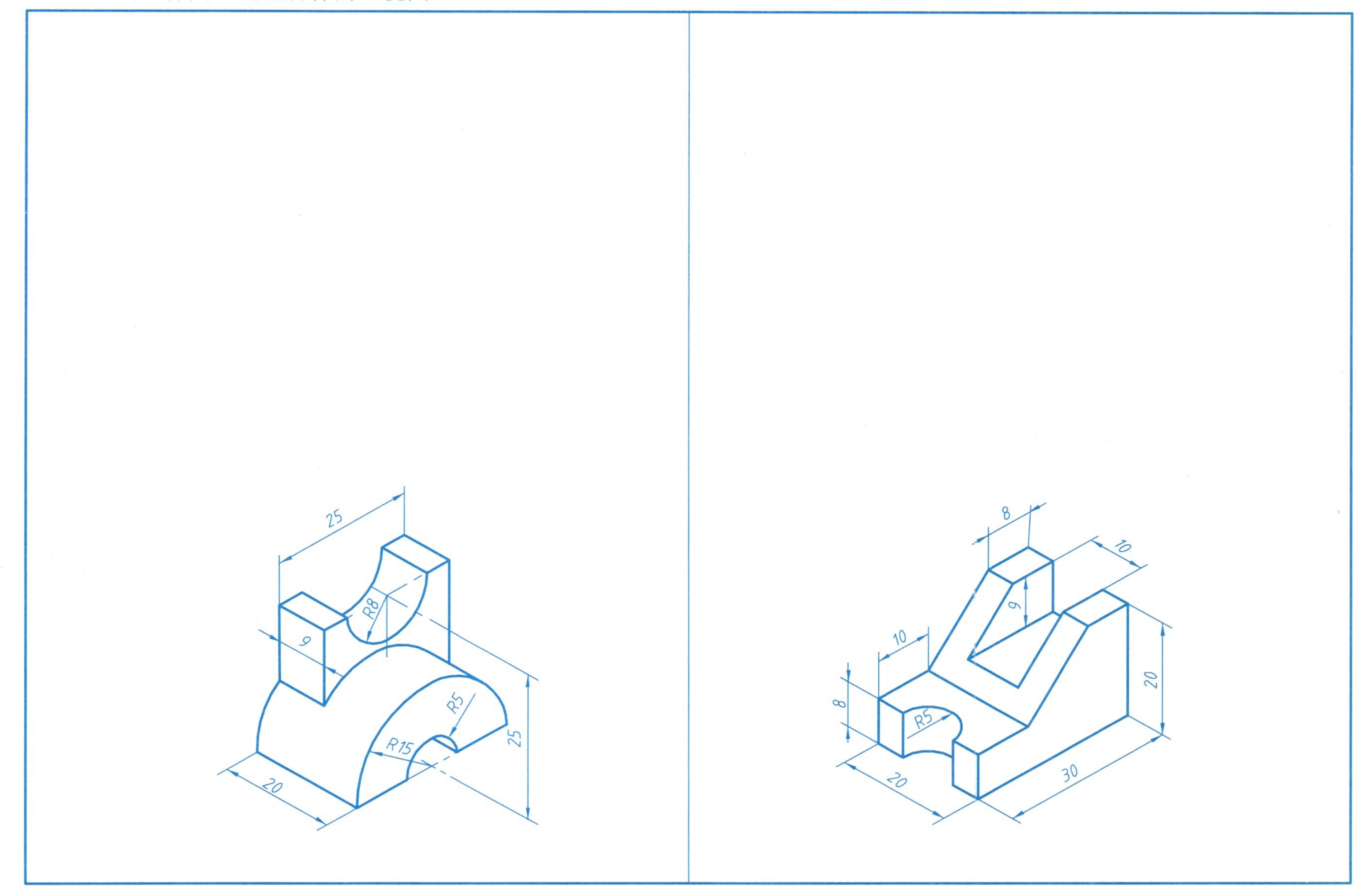

班级学号　　　　　　　　　　姓名

5-4 根据立体图画出组合体的三视图。

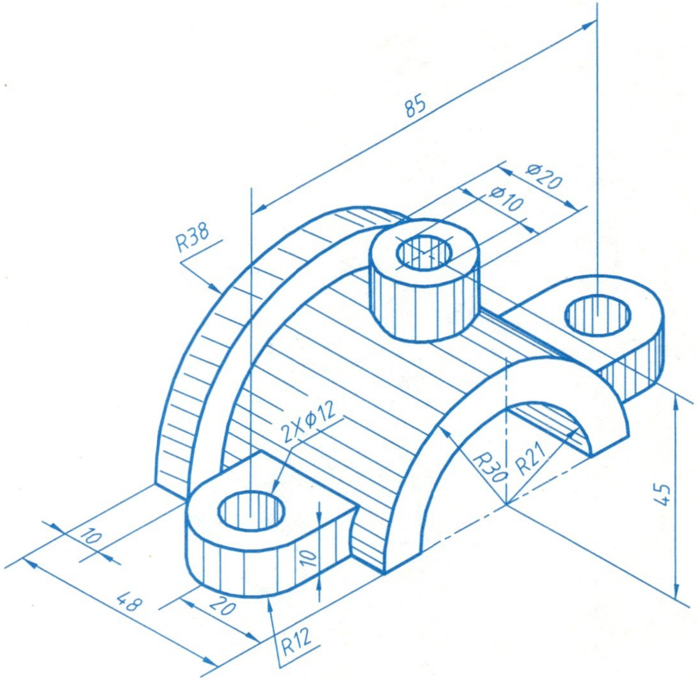

5-5 根据立体图画出组合体的三视图。

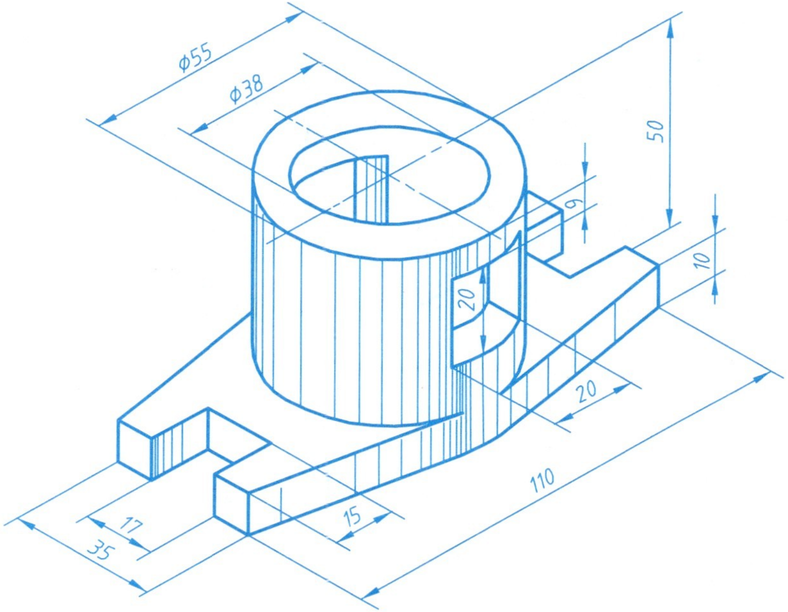

班级学号 姓名

5-6 根据立体图，用A3图纸画出组合体的三视图，并标注尺寸。

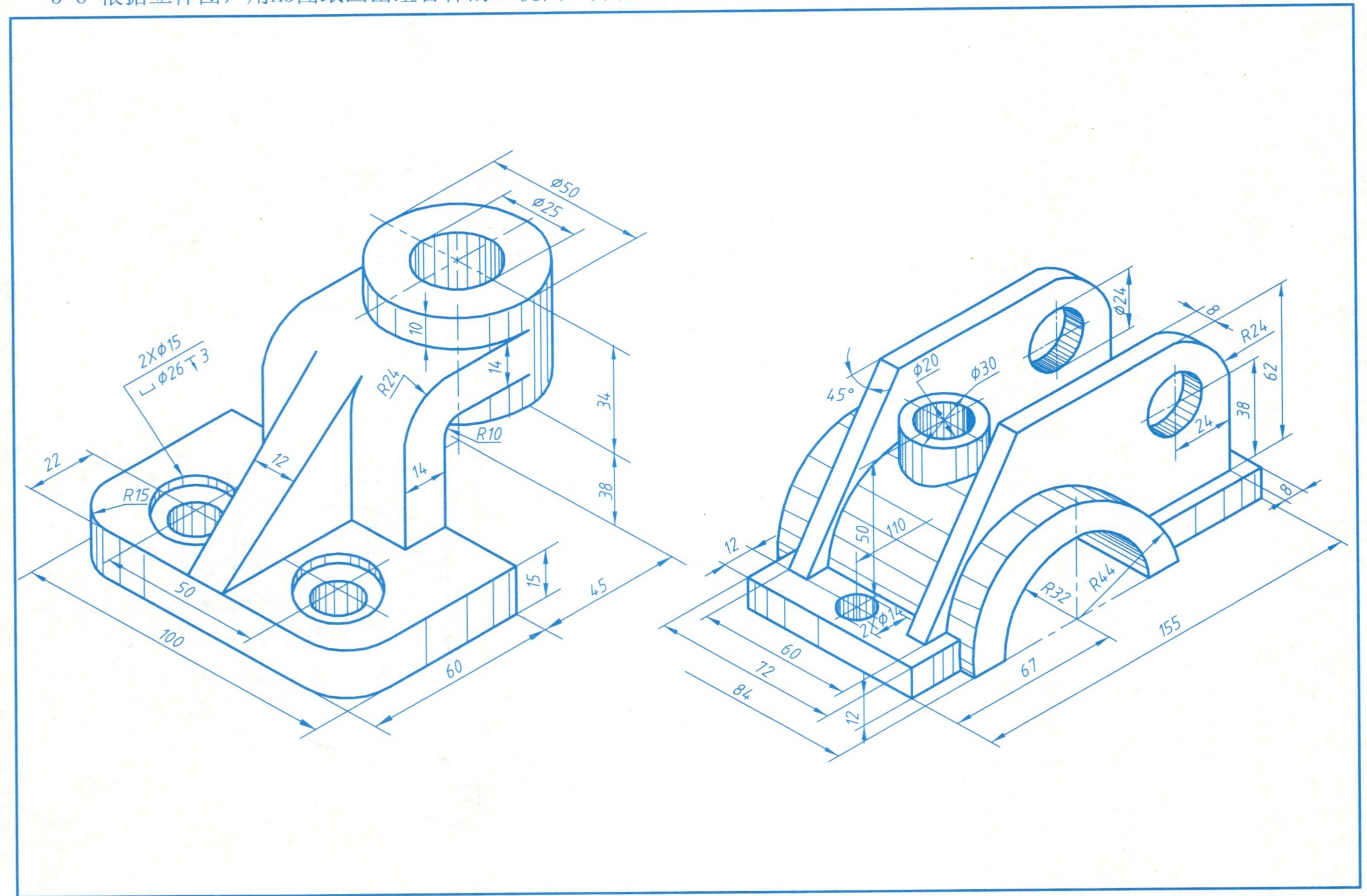

5-7 标注组合体的尺寸(按1:1比例)。

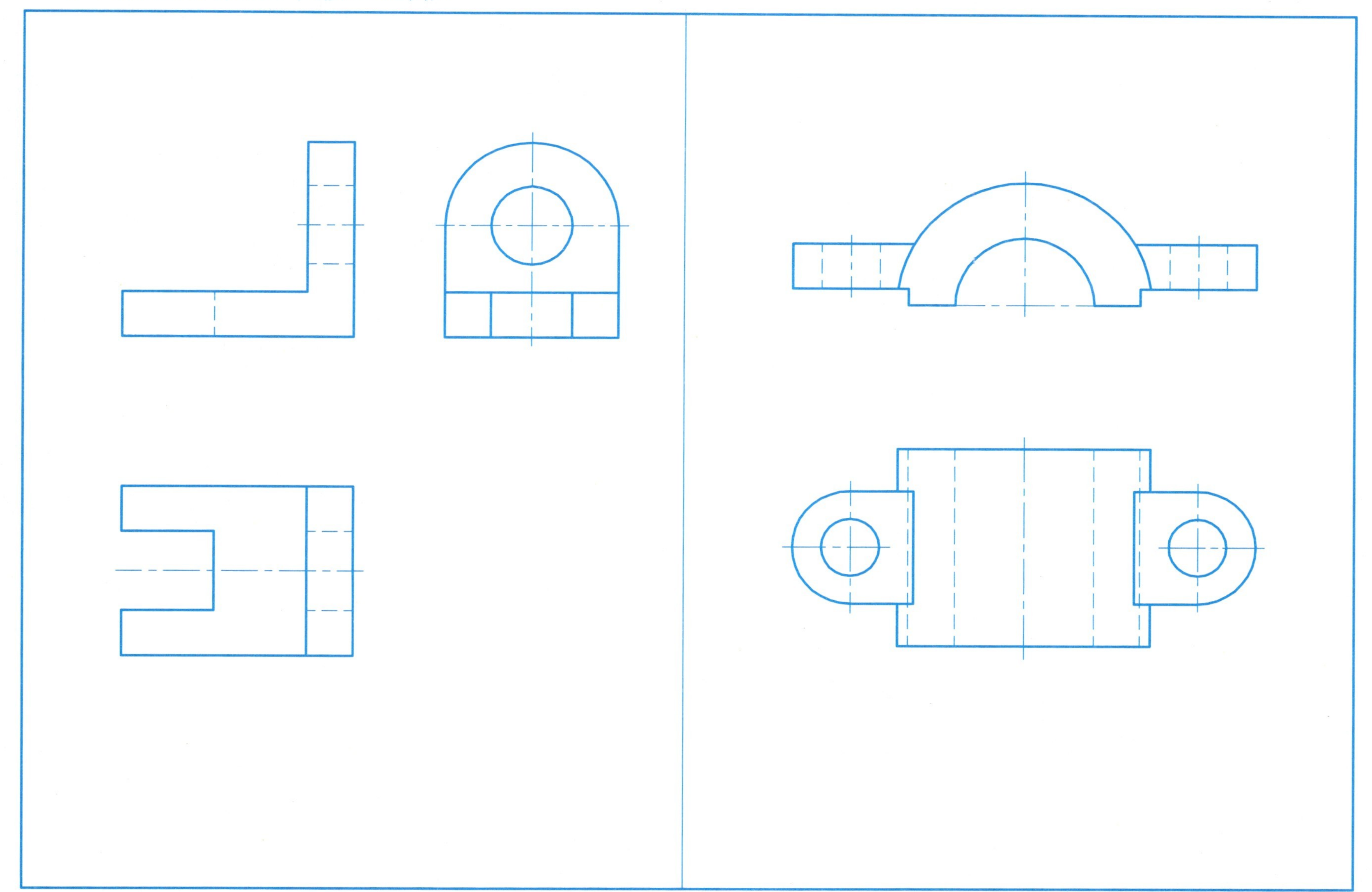

5-8 标注组合体的尺寸。

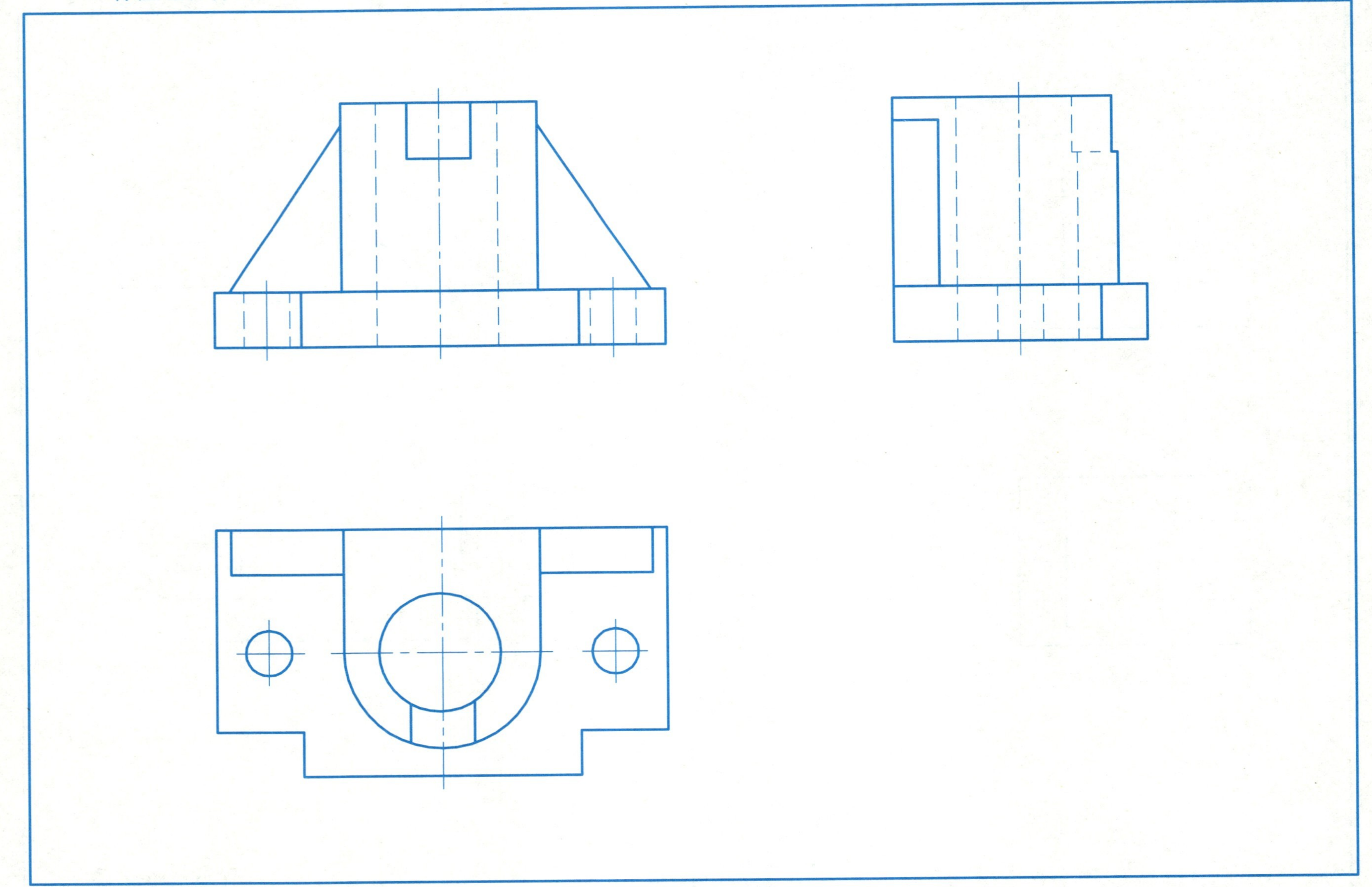

5-9 标注组合体的尺寸。

5-10 根据组合体的两面投影补画第三投影 。

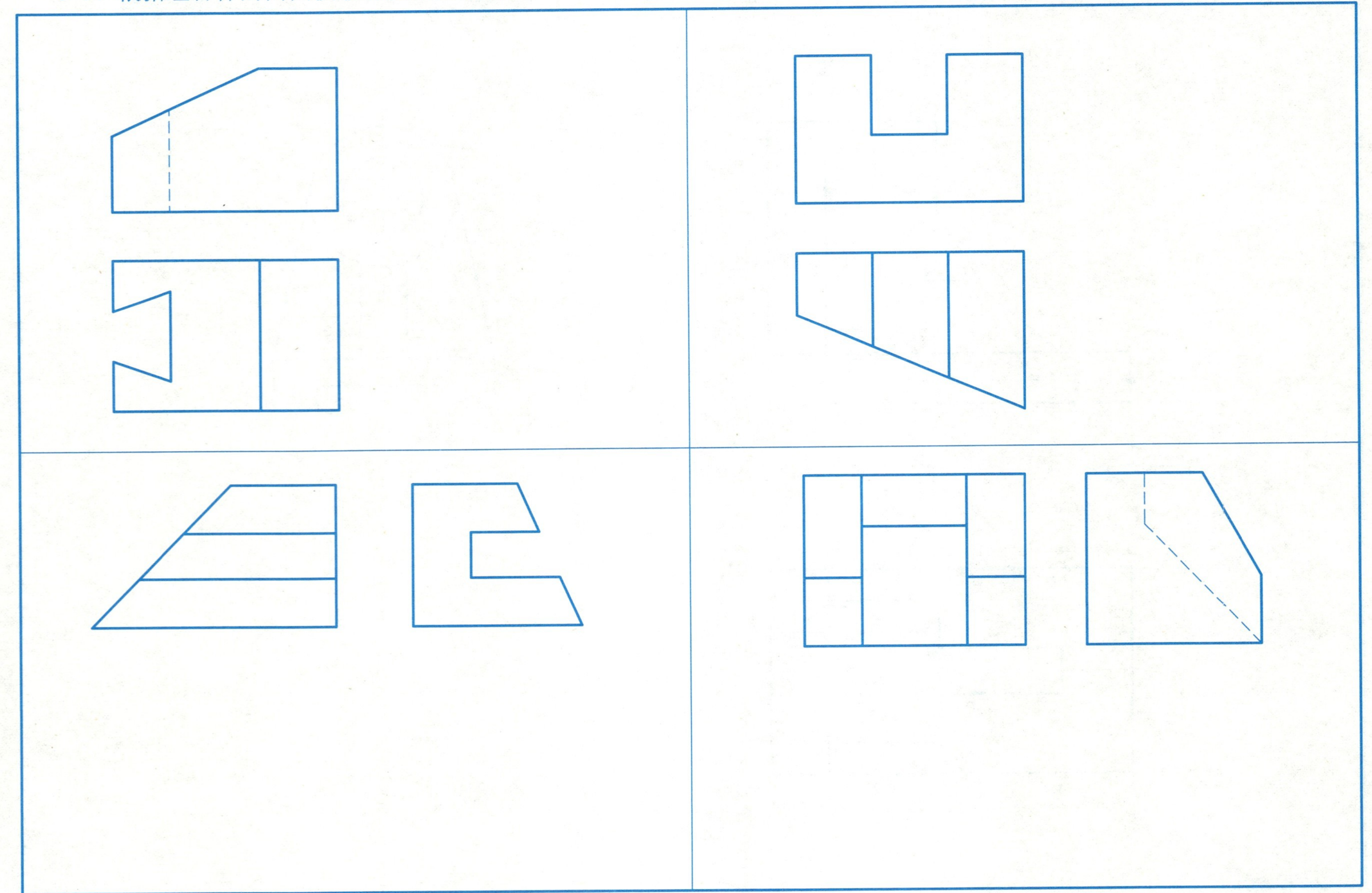

5-11 补画出第三视图。

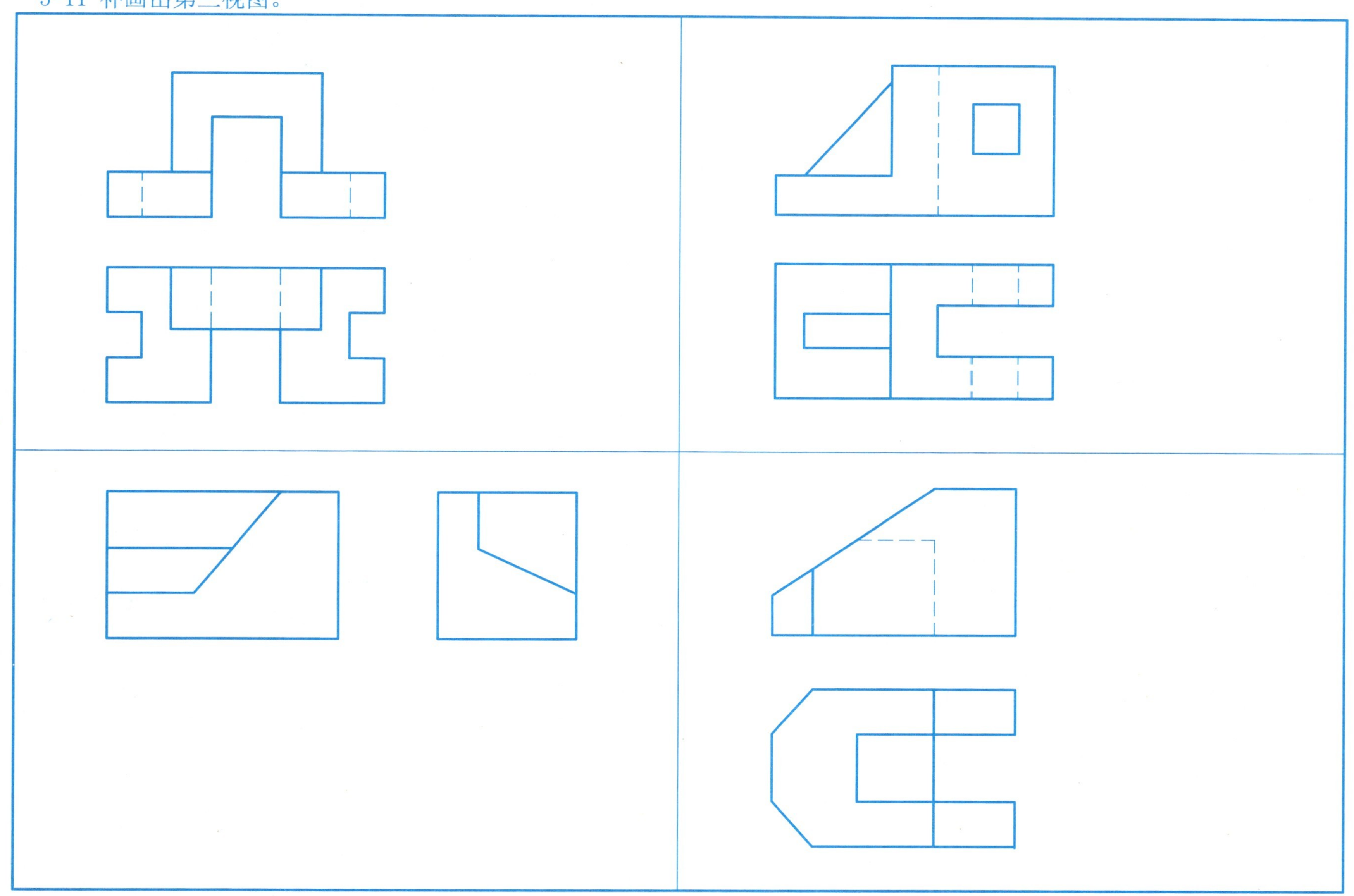

5-12 根据组合体的两视图，补画第三视图。

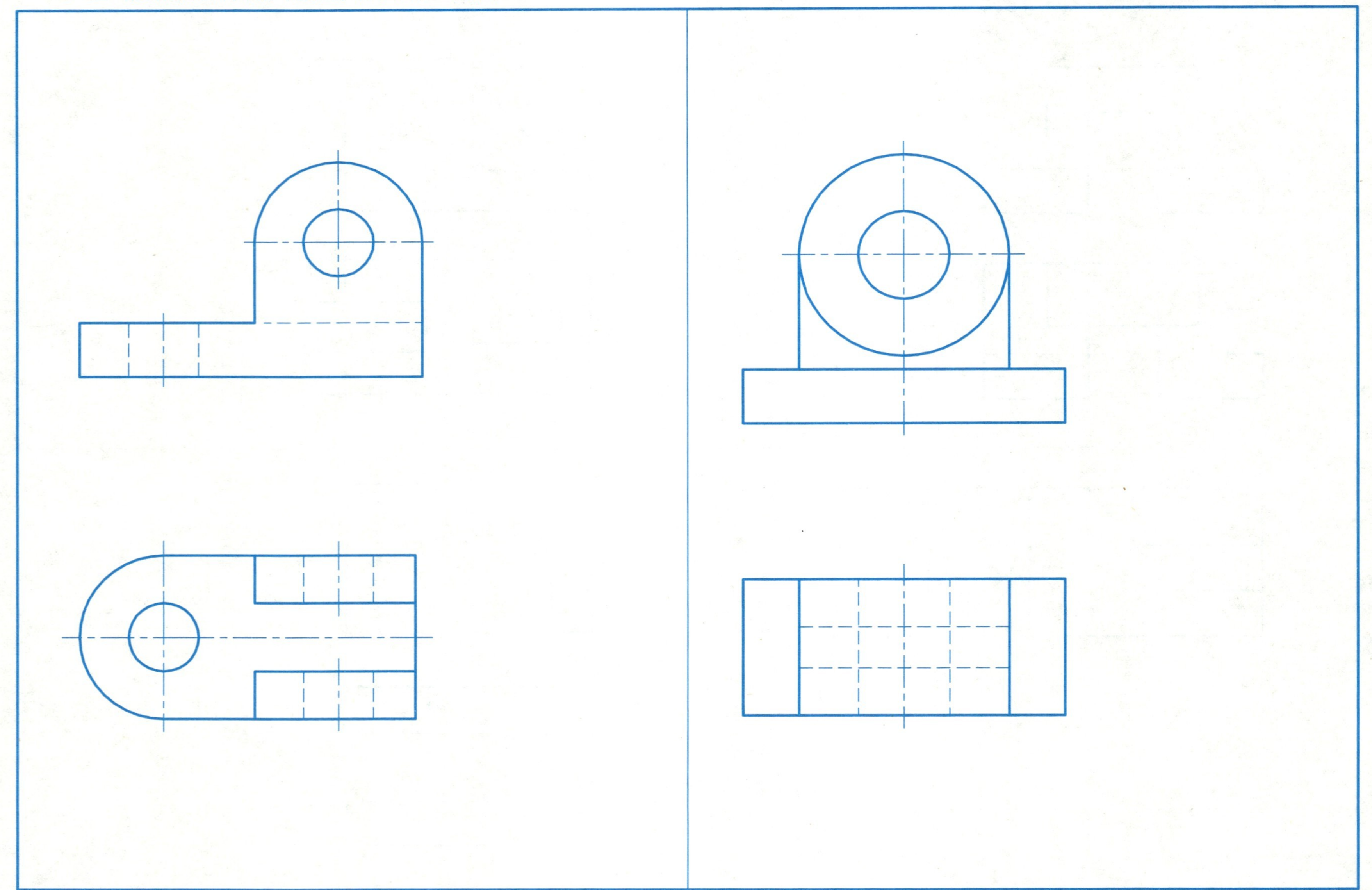

5-13 根据组合体的两视图，补画第三视图。

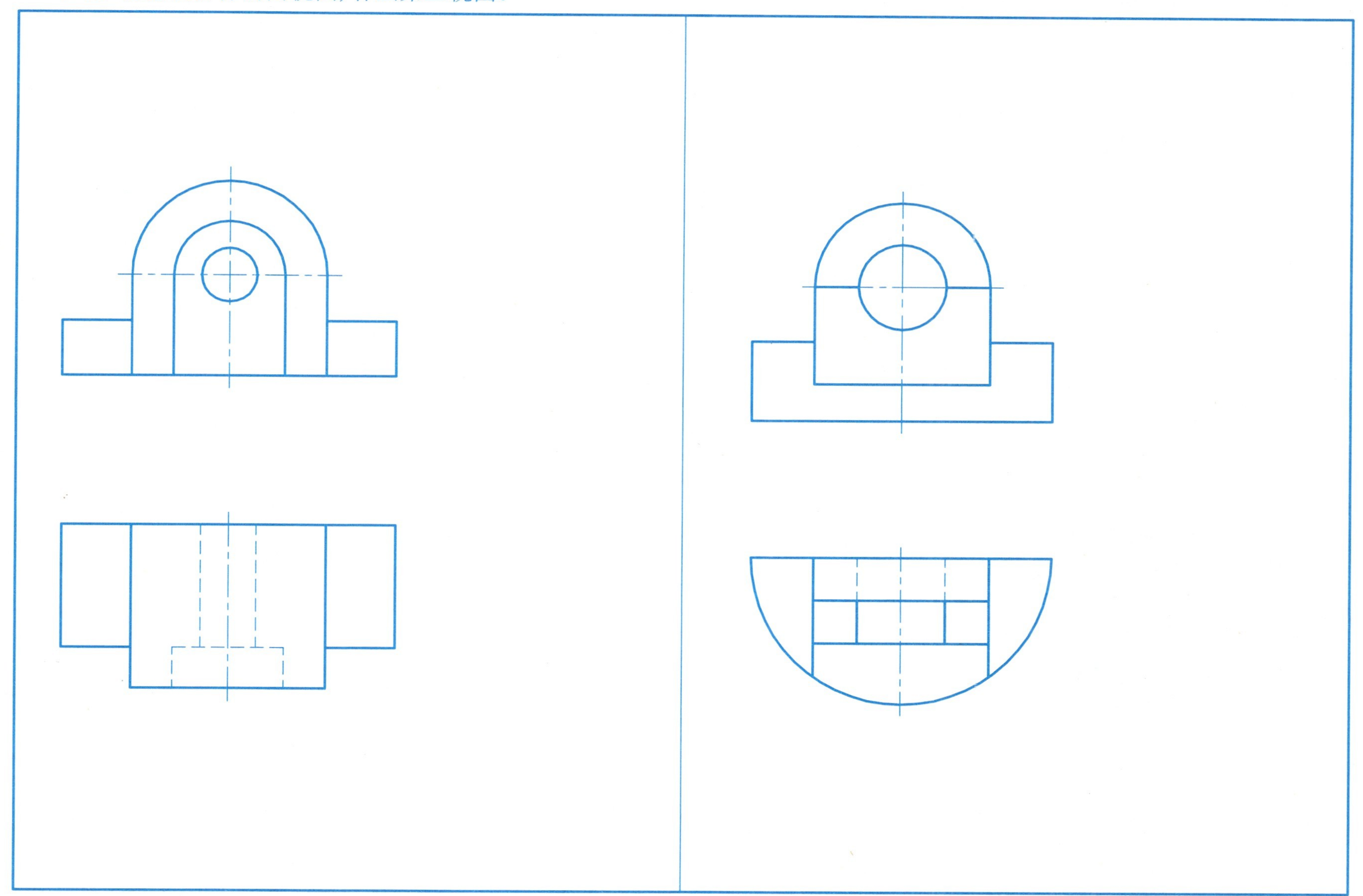

班级学号 姓名

5-14 根据组合体的两视图，补画第三视图。

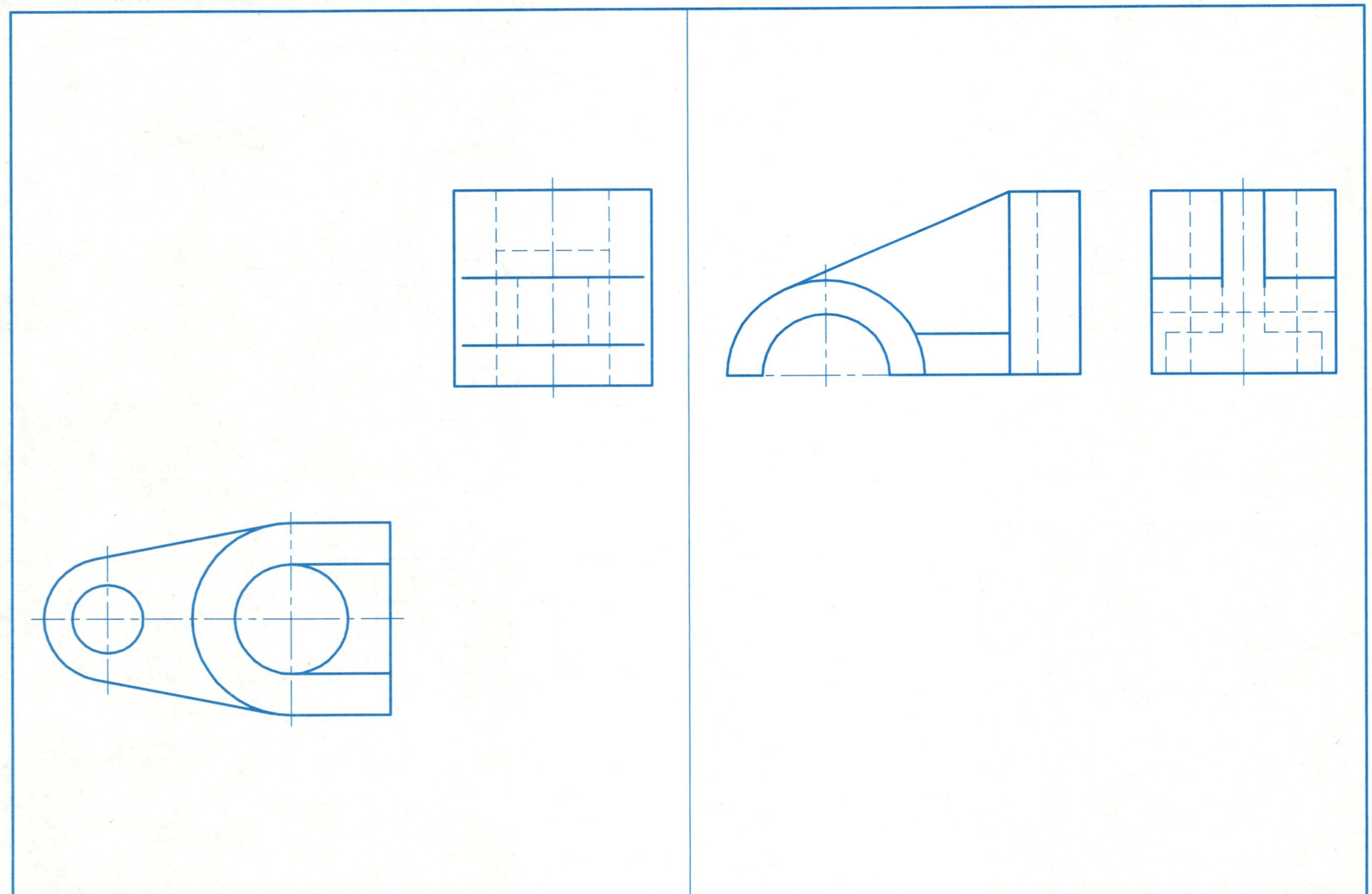

5-15 根据组合体的两视图，补画第三视图。

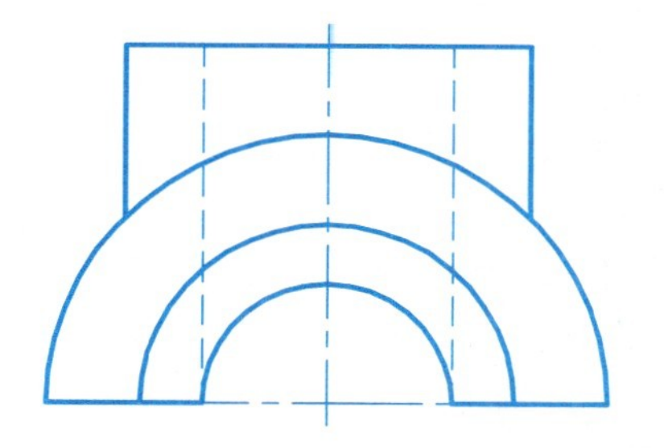

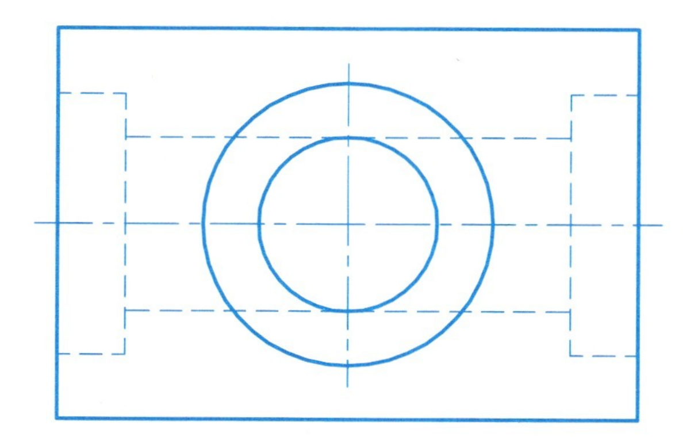

5-16 根据组合体的两视图，补画第三视图 。

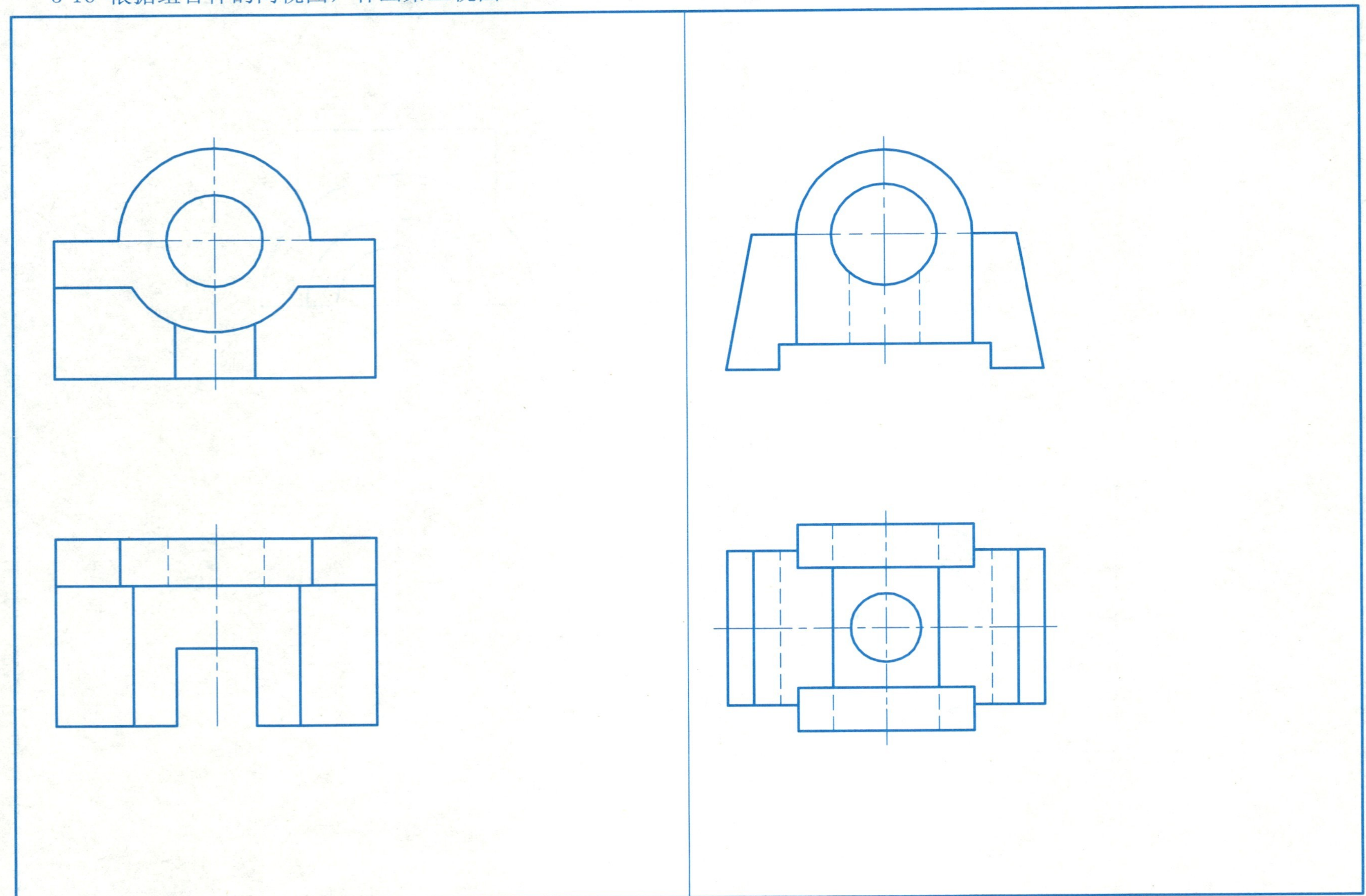

5-17 根据组合体的两视图，补画第三视图。

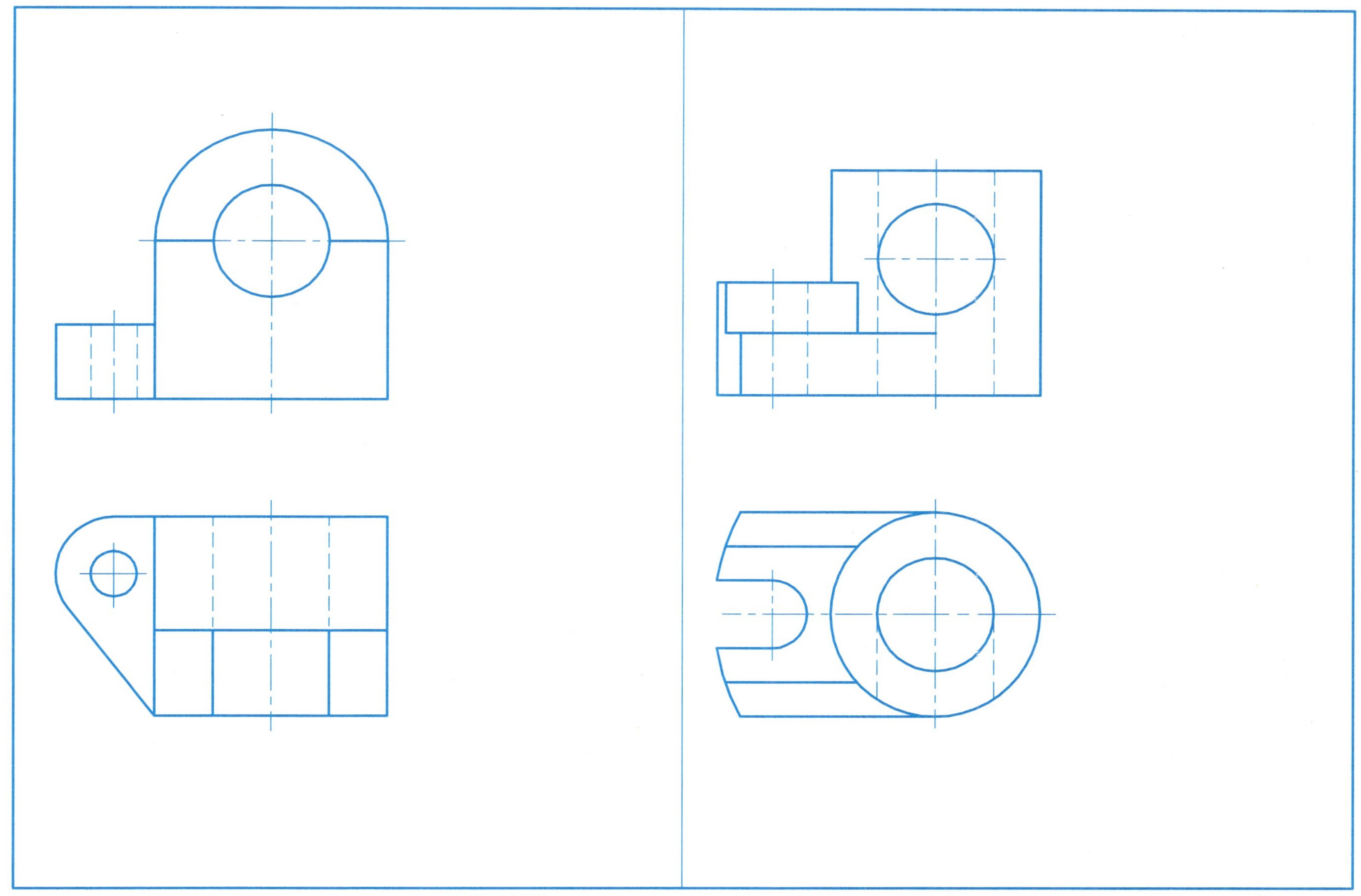

5-18 根据组合体的两视图，补画第三视图。

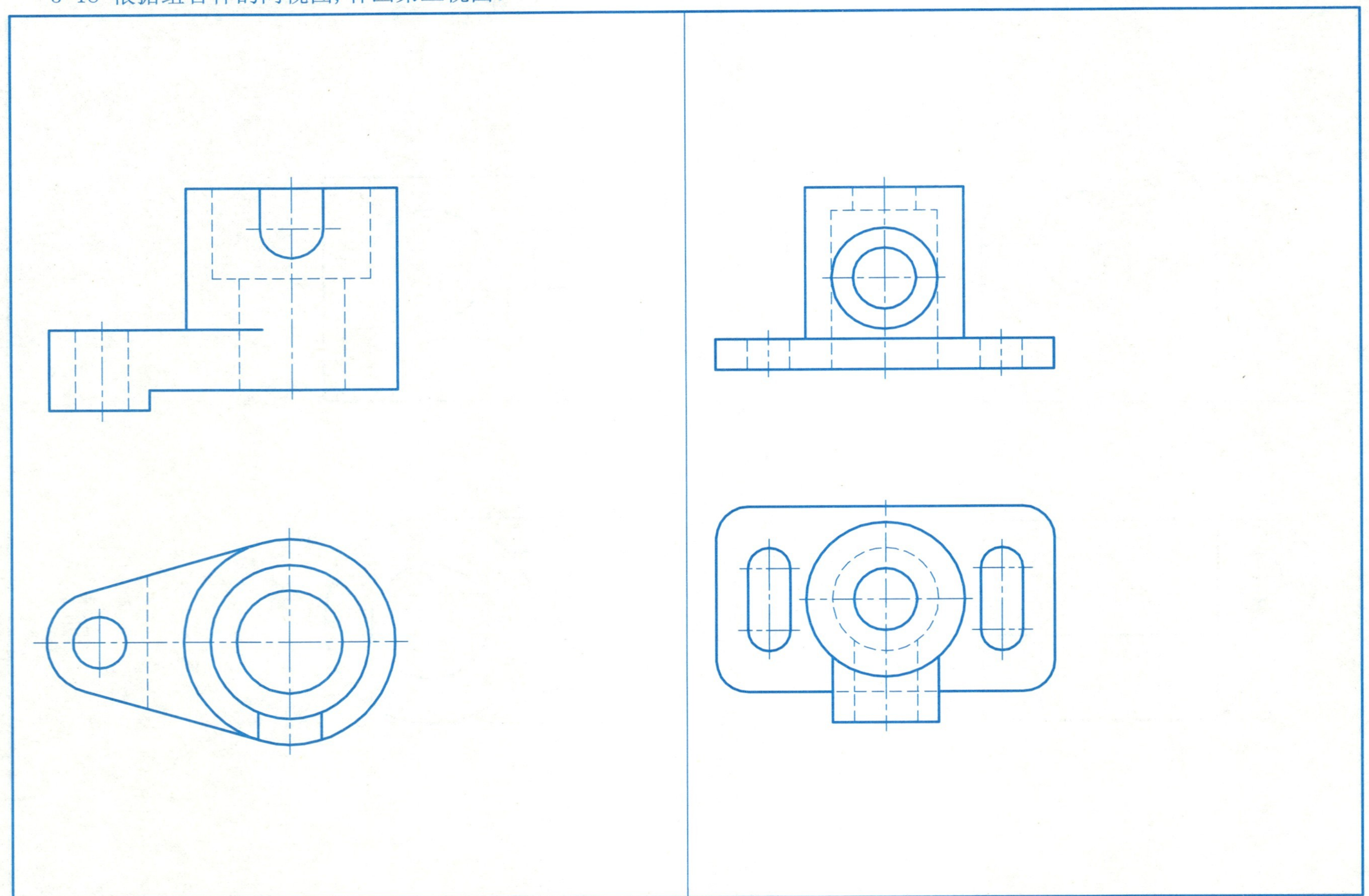

5-19 根据组合体的两视图，补画第三视图。

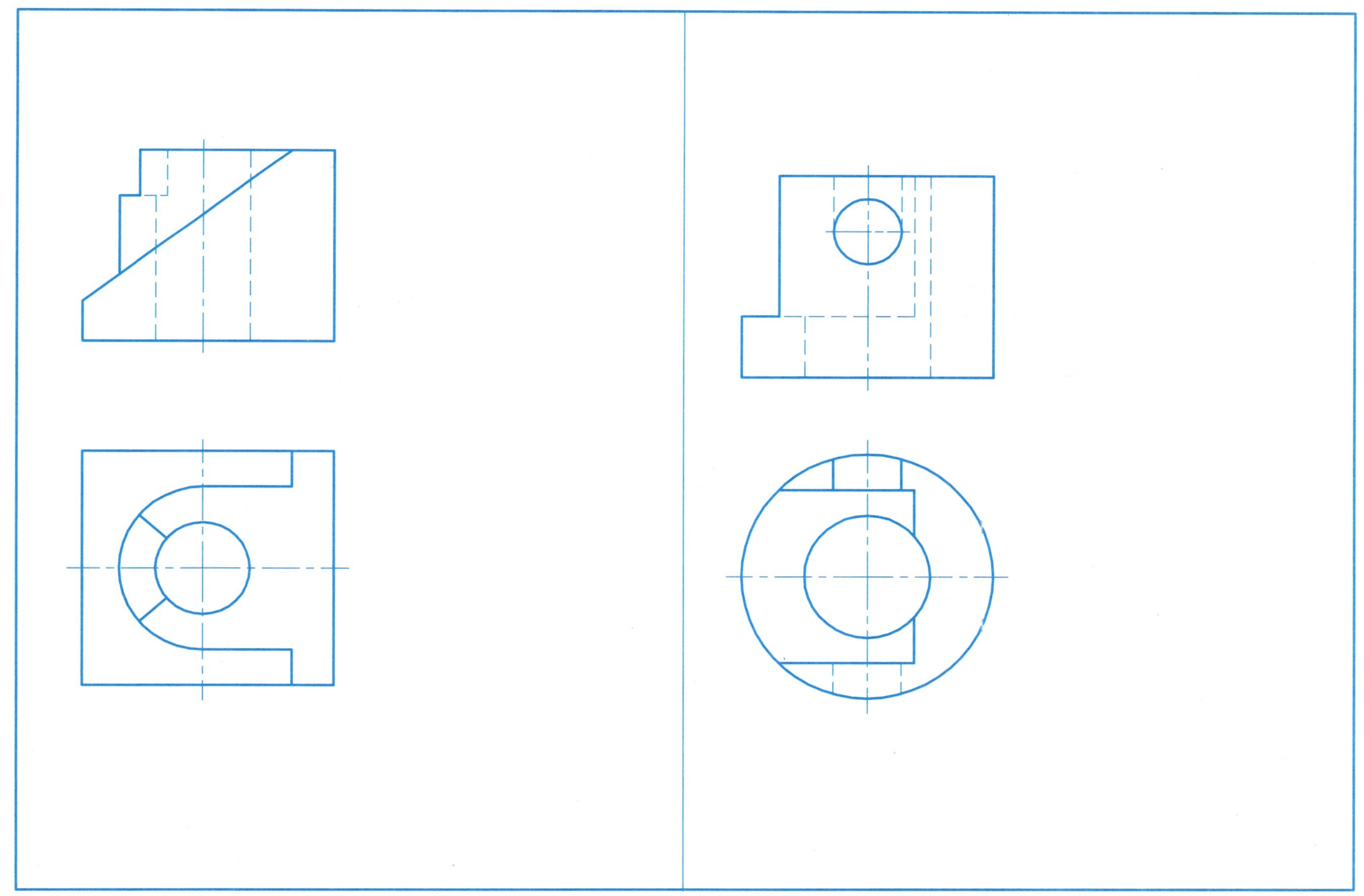

5-20 根据组合体的主、俯视图补画其左视图。

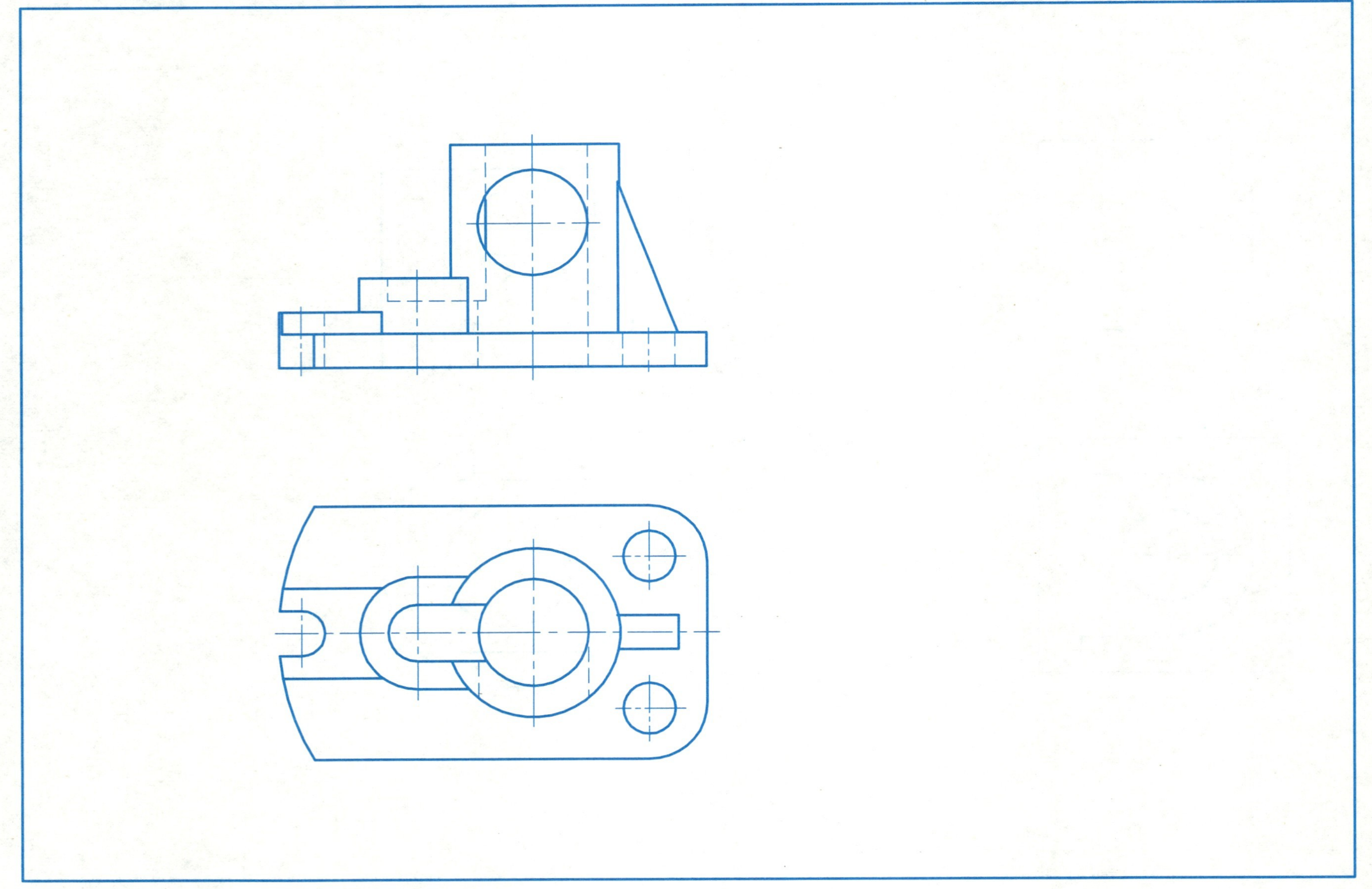

5-21 根据组合体的主、俯视图补画其左视图。

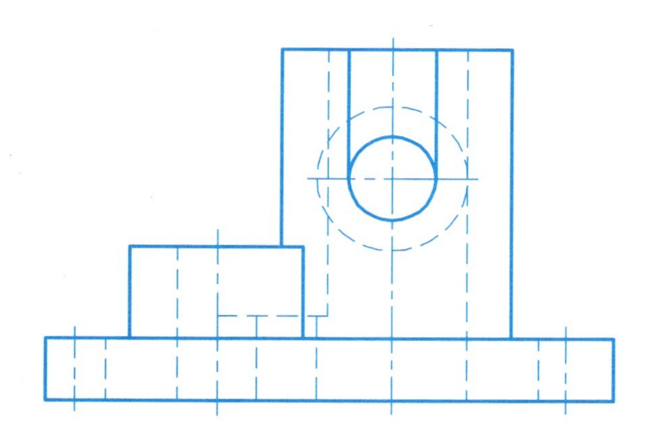

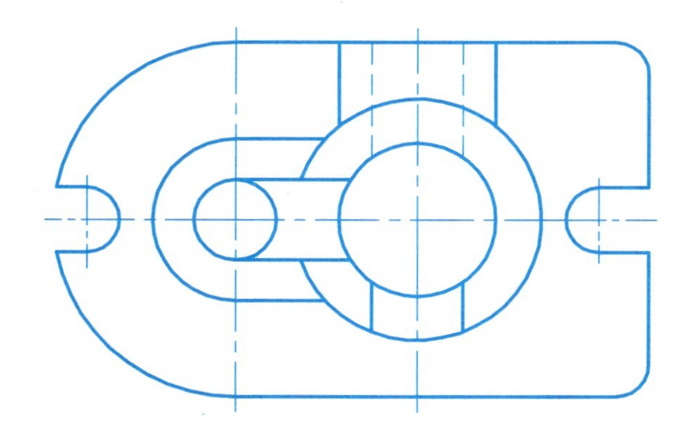

6-1 补全其他四个基本视图，保留图中虚线。

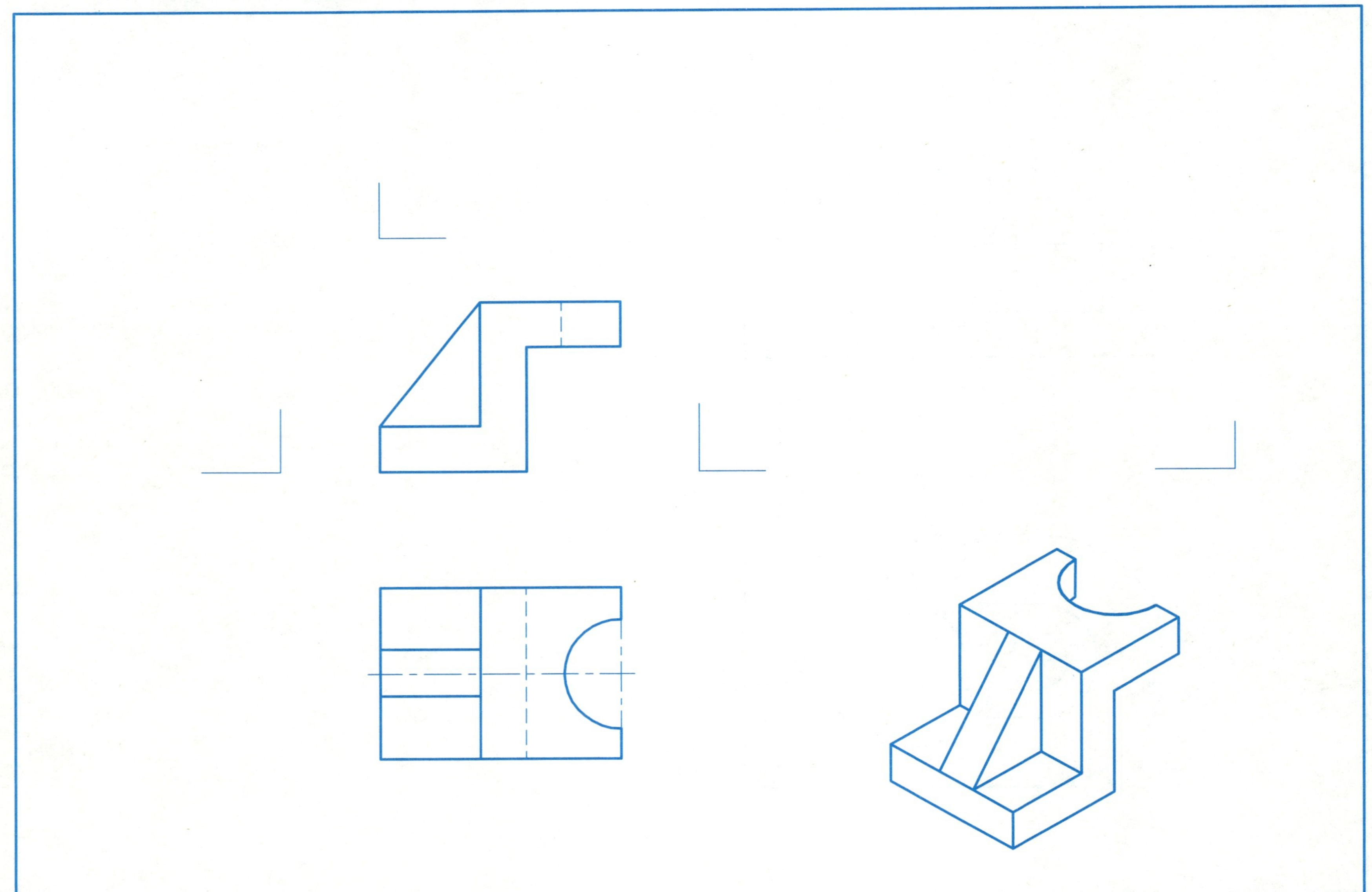

6-2 根据轴测图和主视图，画出必要的局部视图和斜视图。

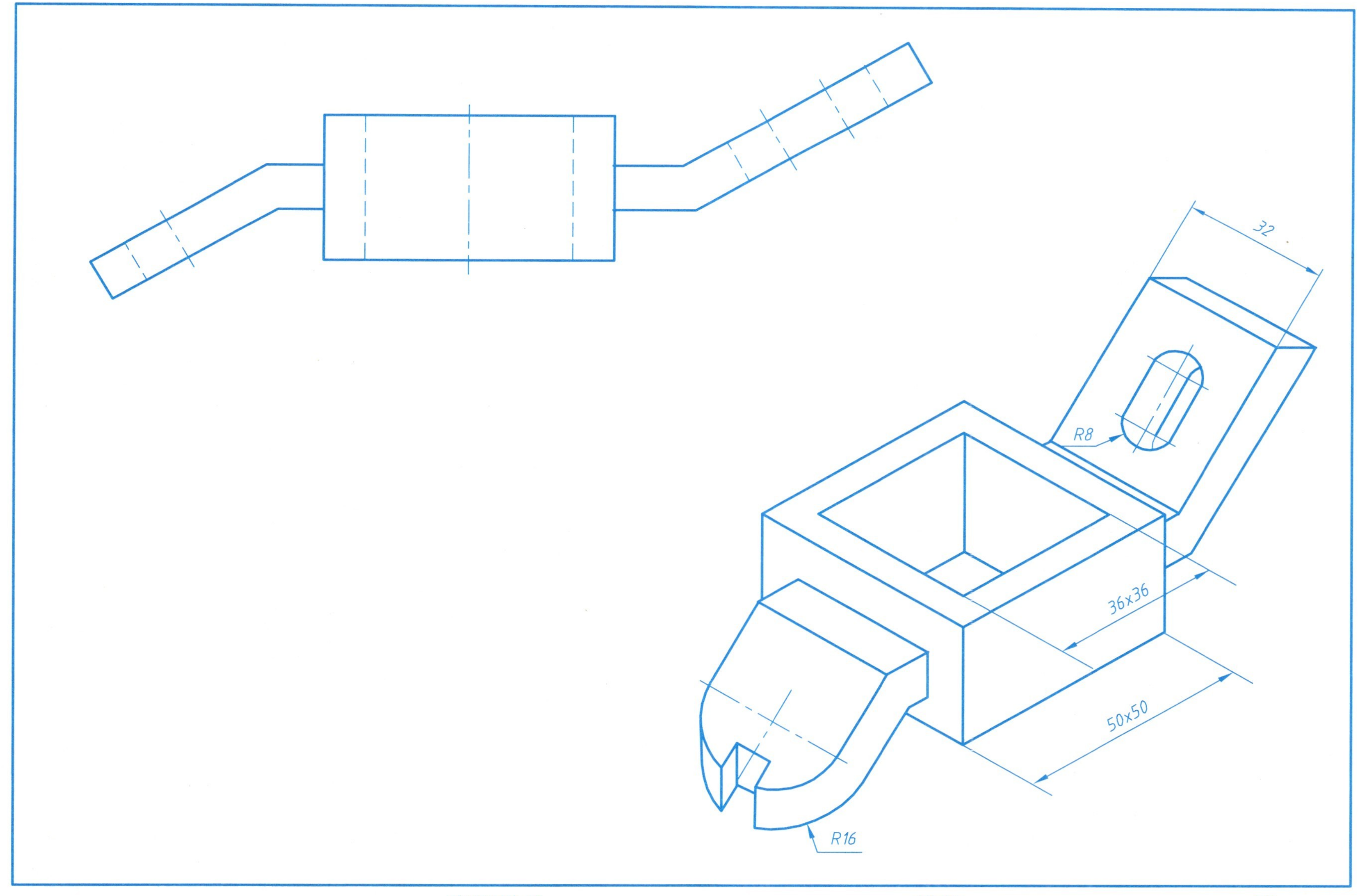

6-3 画出A向局部视图。

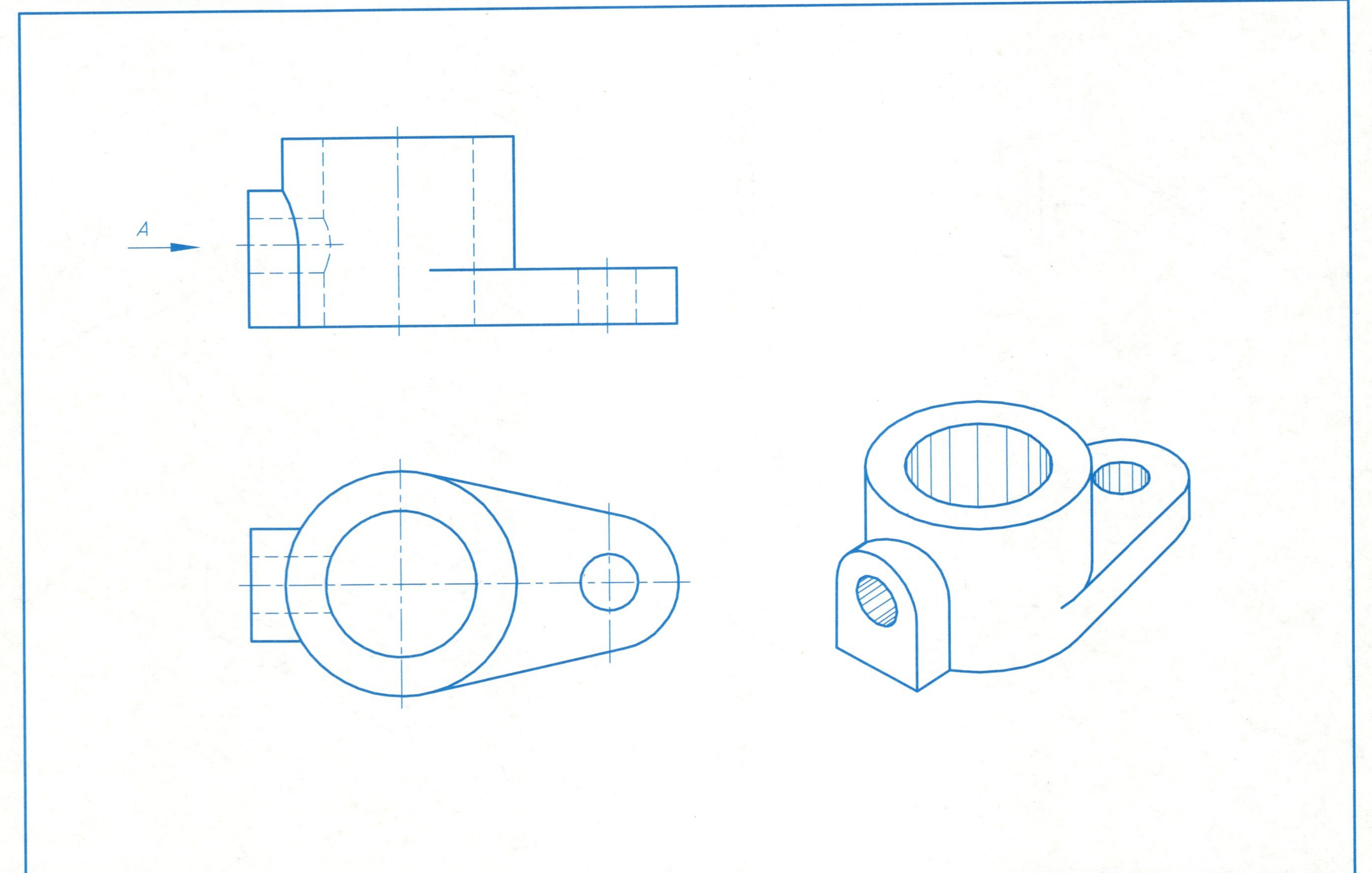

6-4 补画剖视图中的漏线。

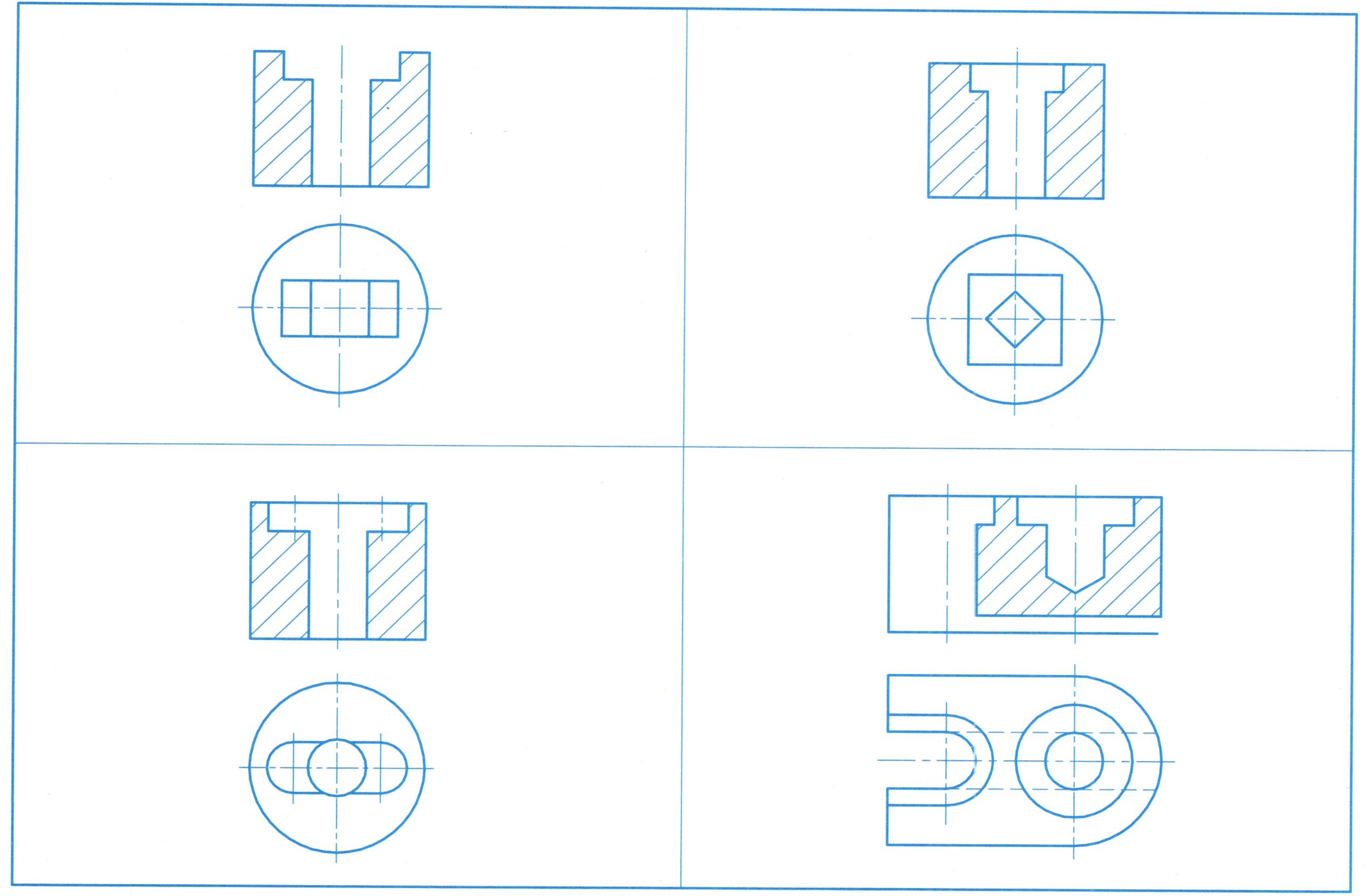

6-5 在指定位置上把主视图改画为全剖视图。

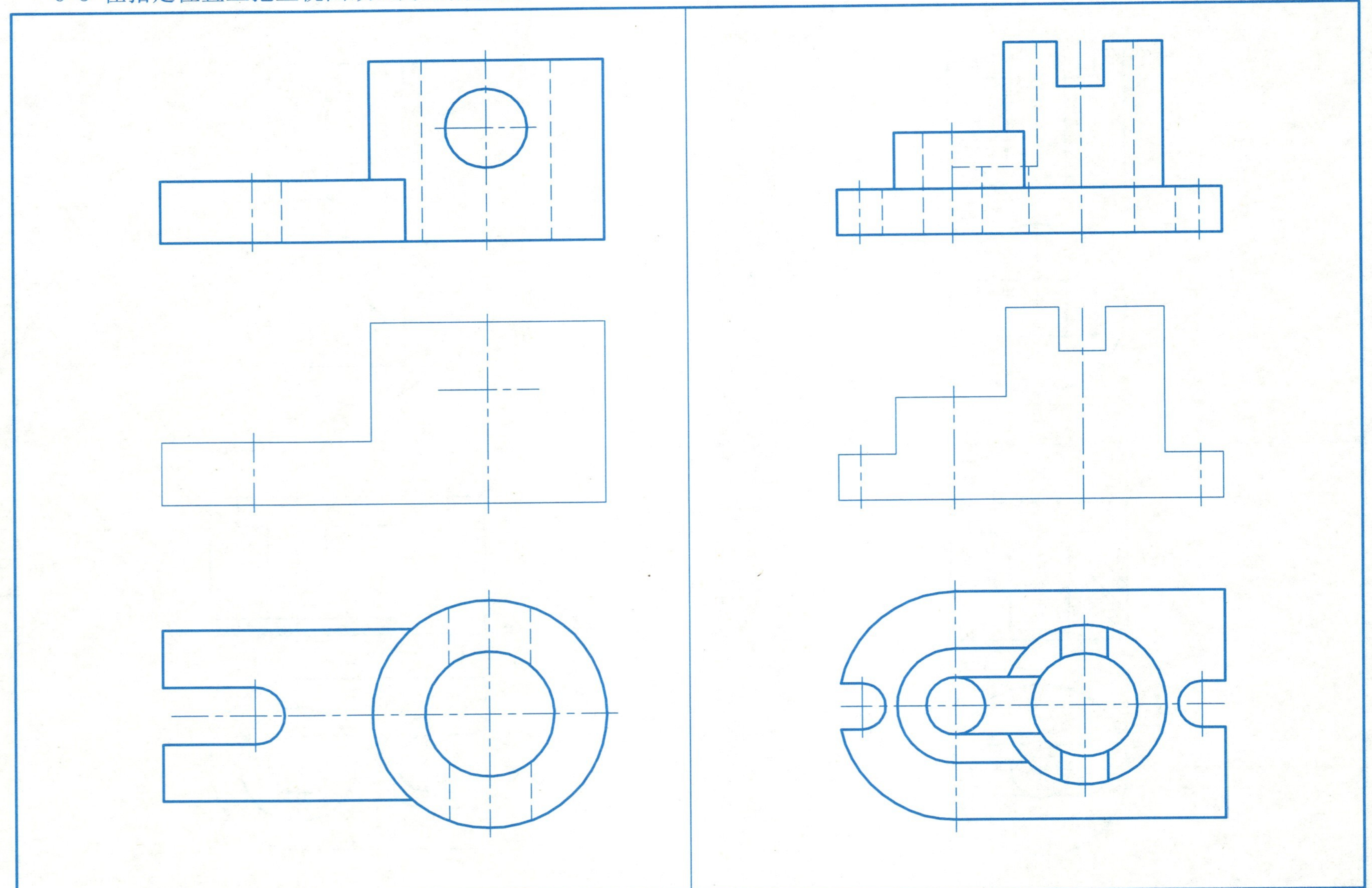

6-6 作出全剖的主视图。

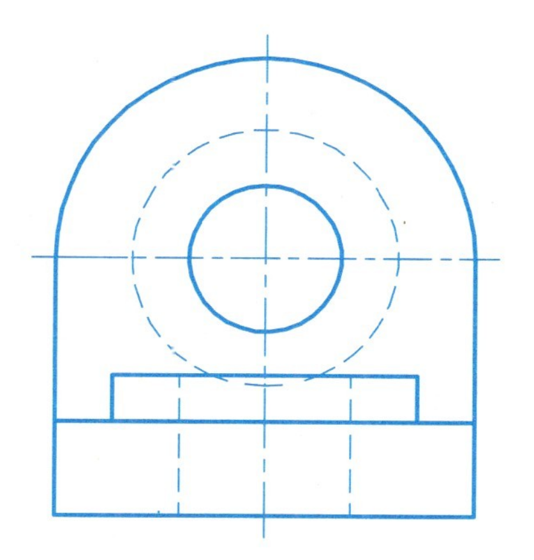

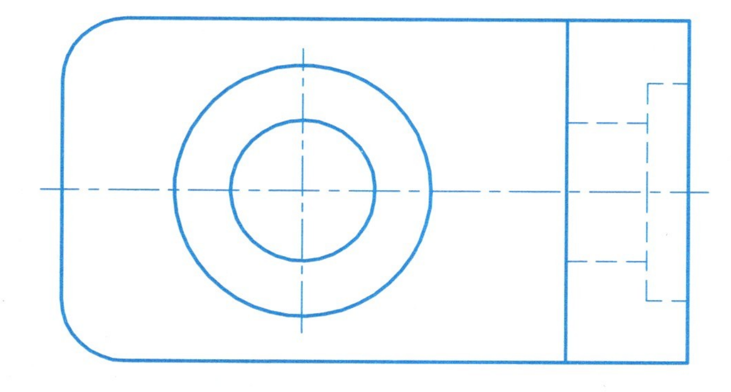

6-7 将主视图画成全剖视图。

6-8 将主视图画成全剖视图。

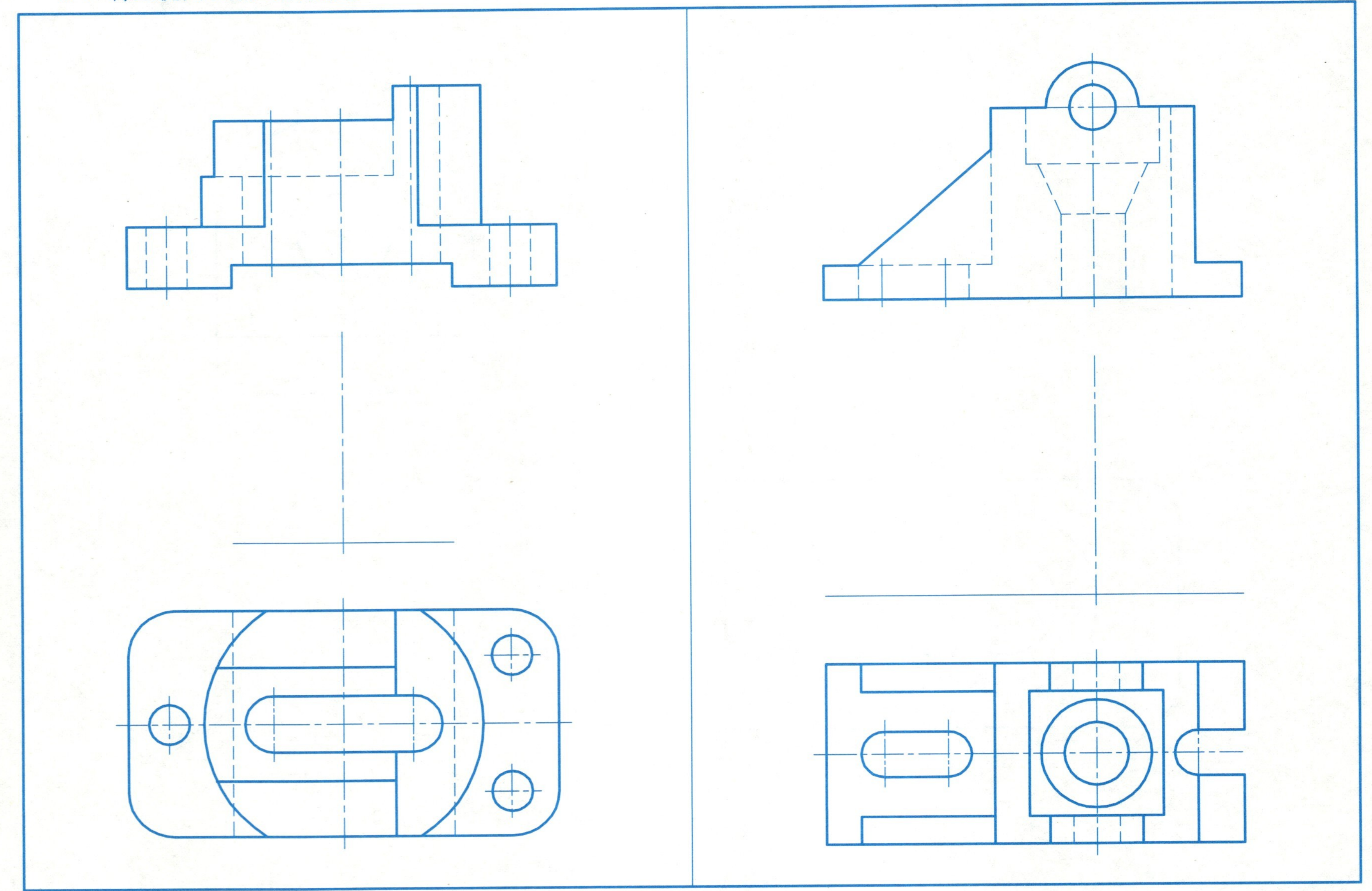

6-9 看懂机件的两视图，将主视图画成半剖视图，左视图画成全剖视图。

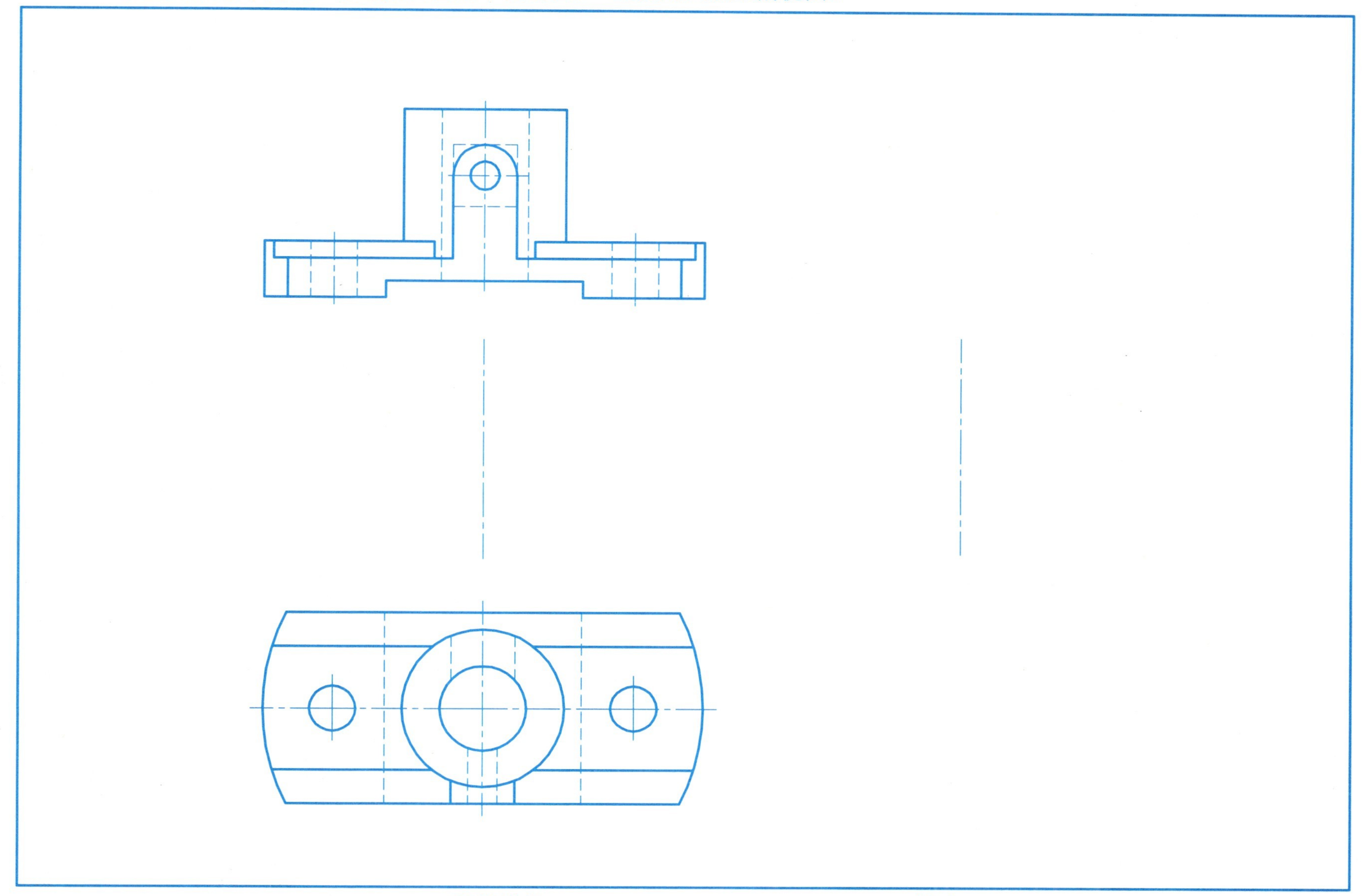

6-10 补全半剖的主视图，并作出全剖的左视图。

6-11 补全半剖的主视图,并作出全剖的左视图。

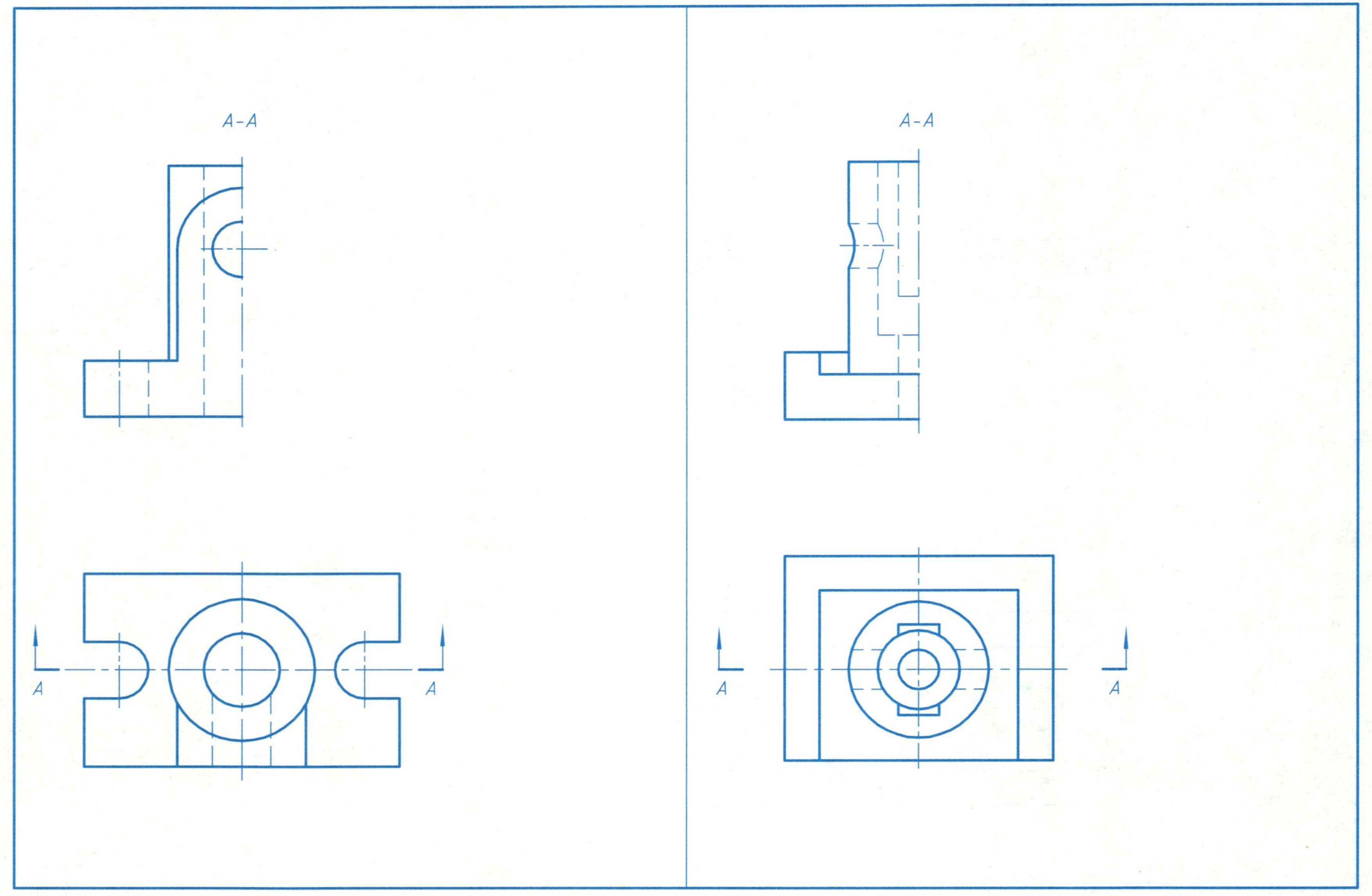

6-12 将机件的俯视图用旋转剖的方法画成全剖视图。

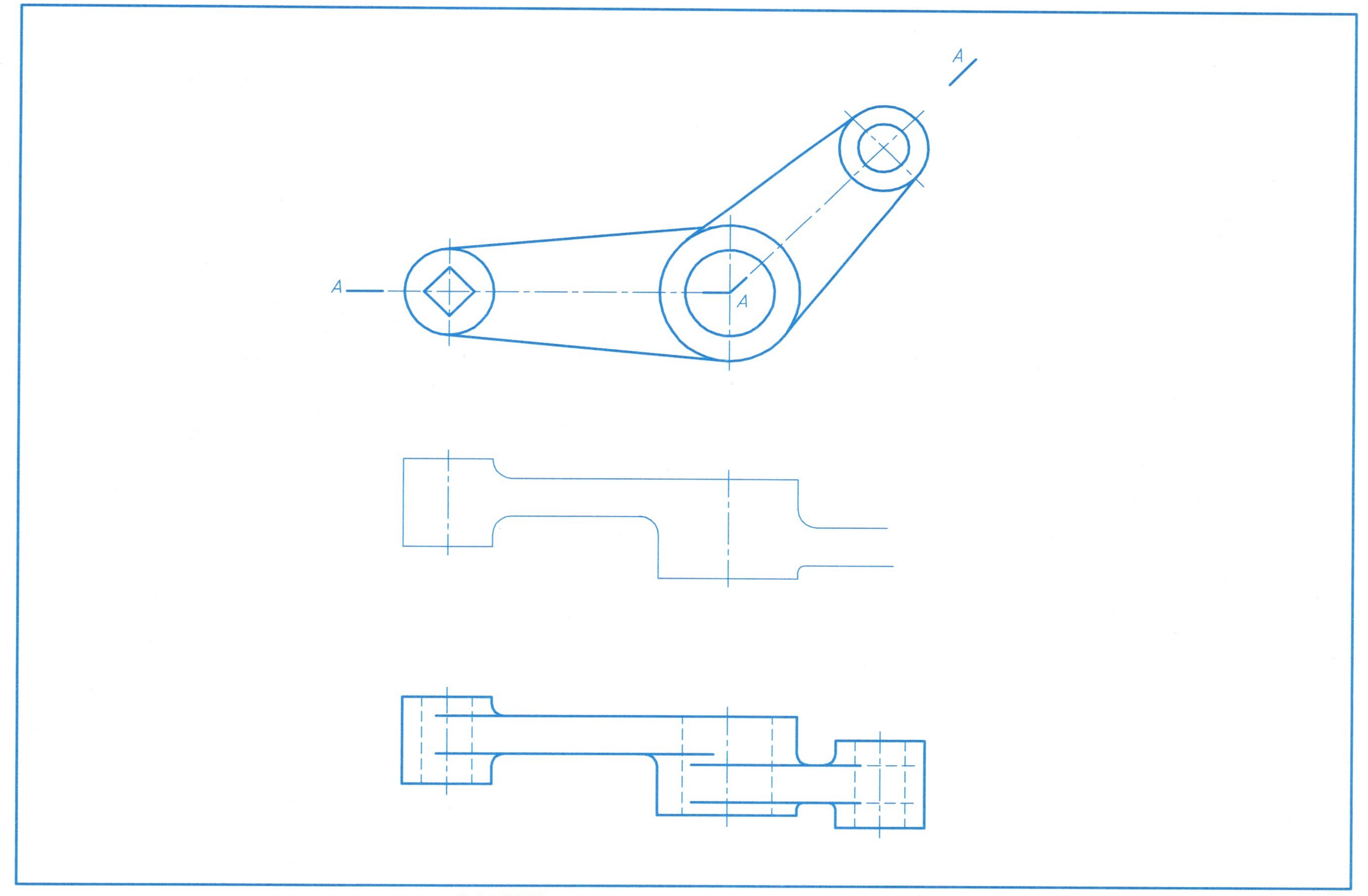

6-13 将机件的主视图用旋转剖的方法画成全剖视图。

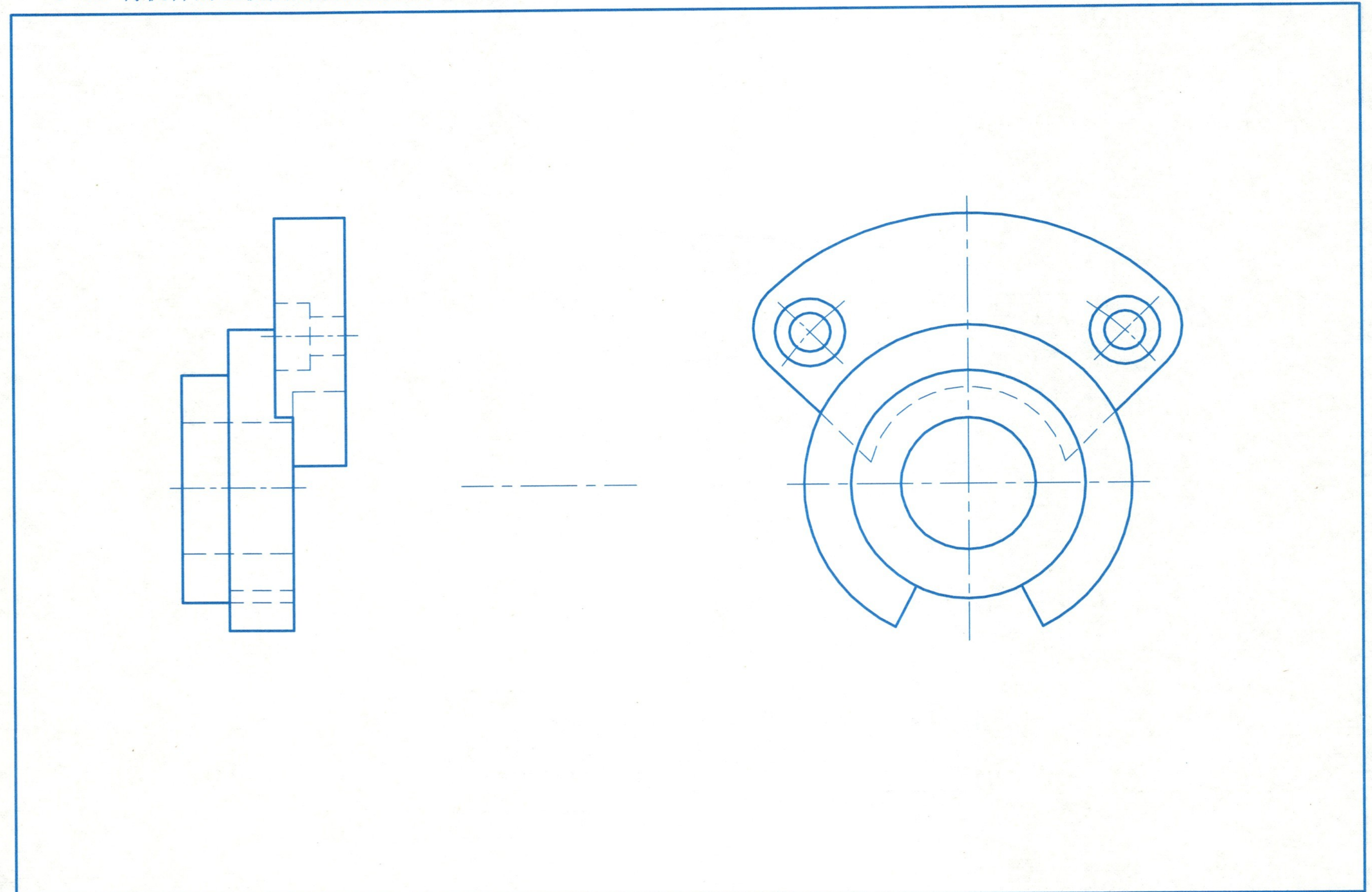

6-14 将机件的主视图用阶梯剖的方法画成全剖视图。

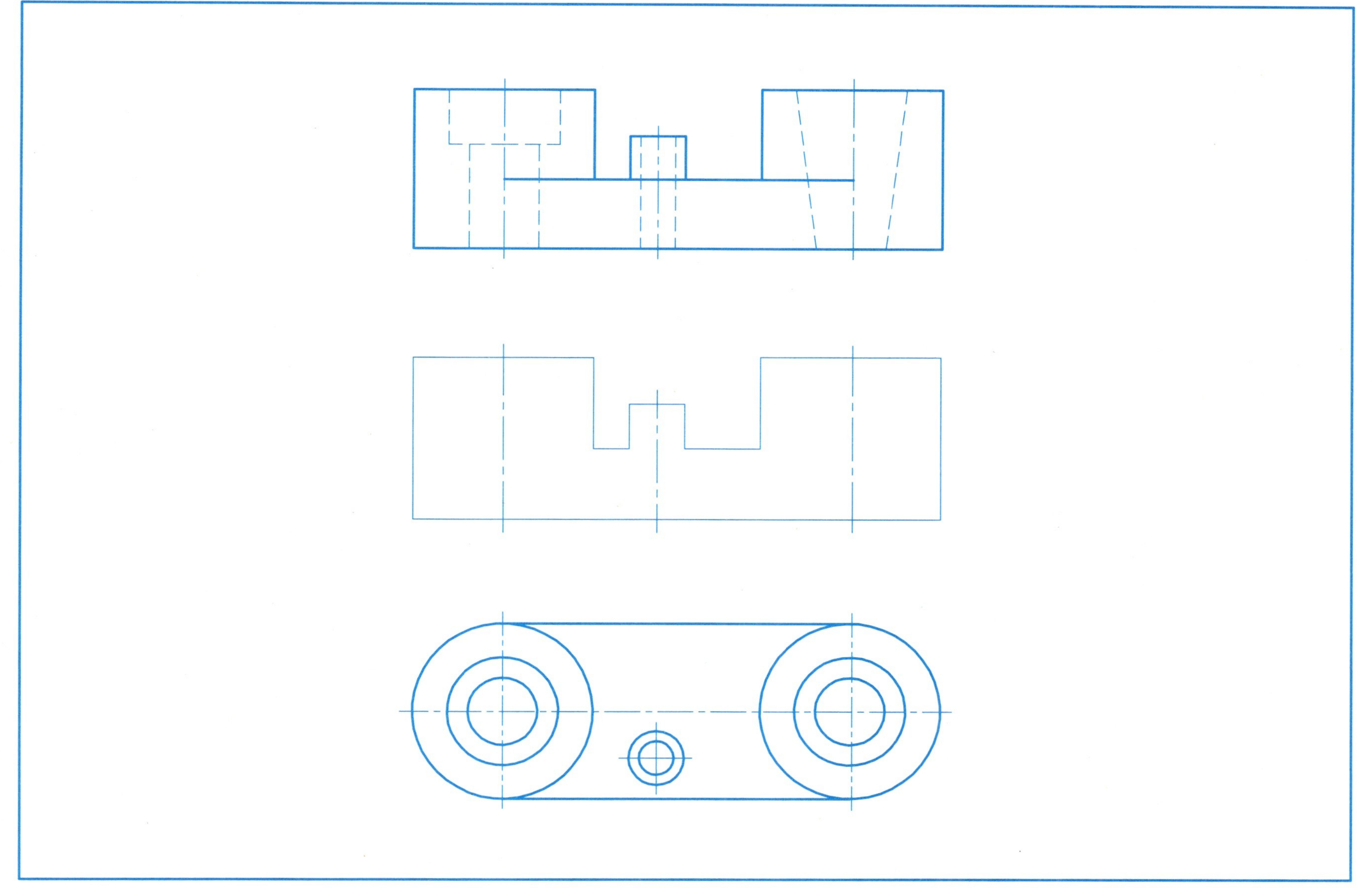

班级学号　　　　姓名

6-15 将机件的左视图用阶梯剖的方法画成全剖视图。

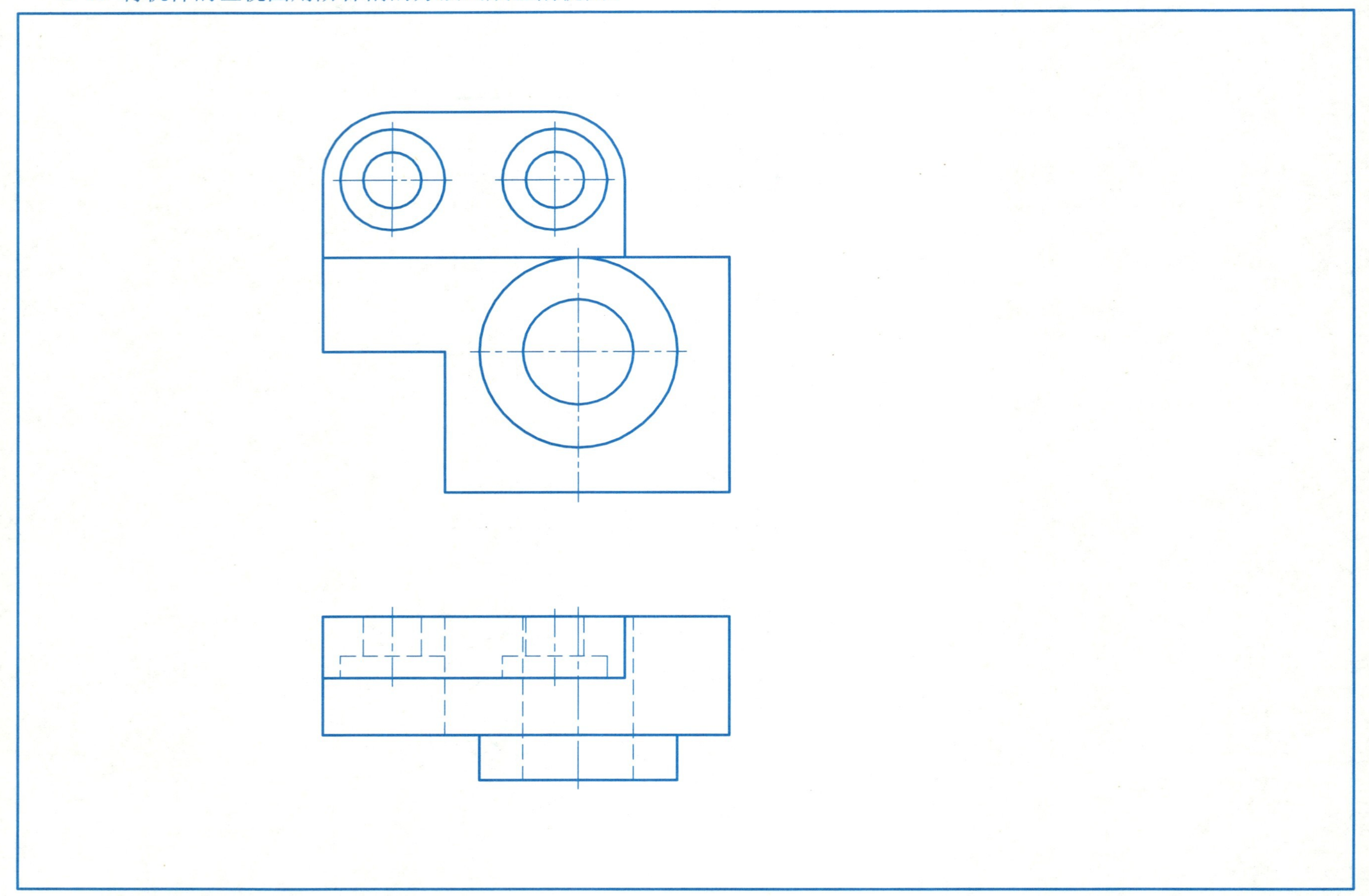

6-16 将机件作A-A, B-B阶梯剖的全剖视图。

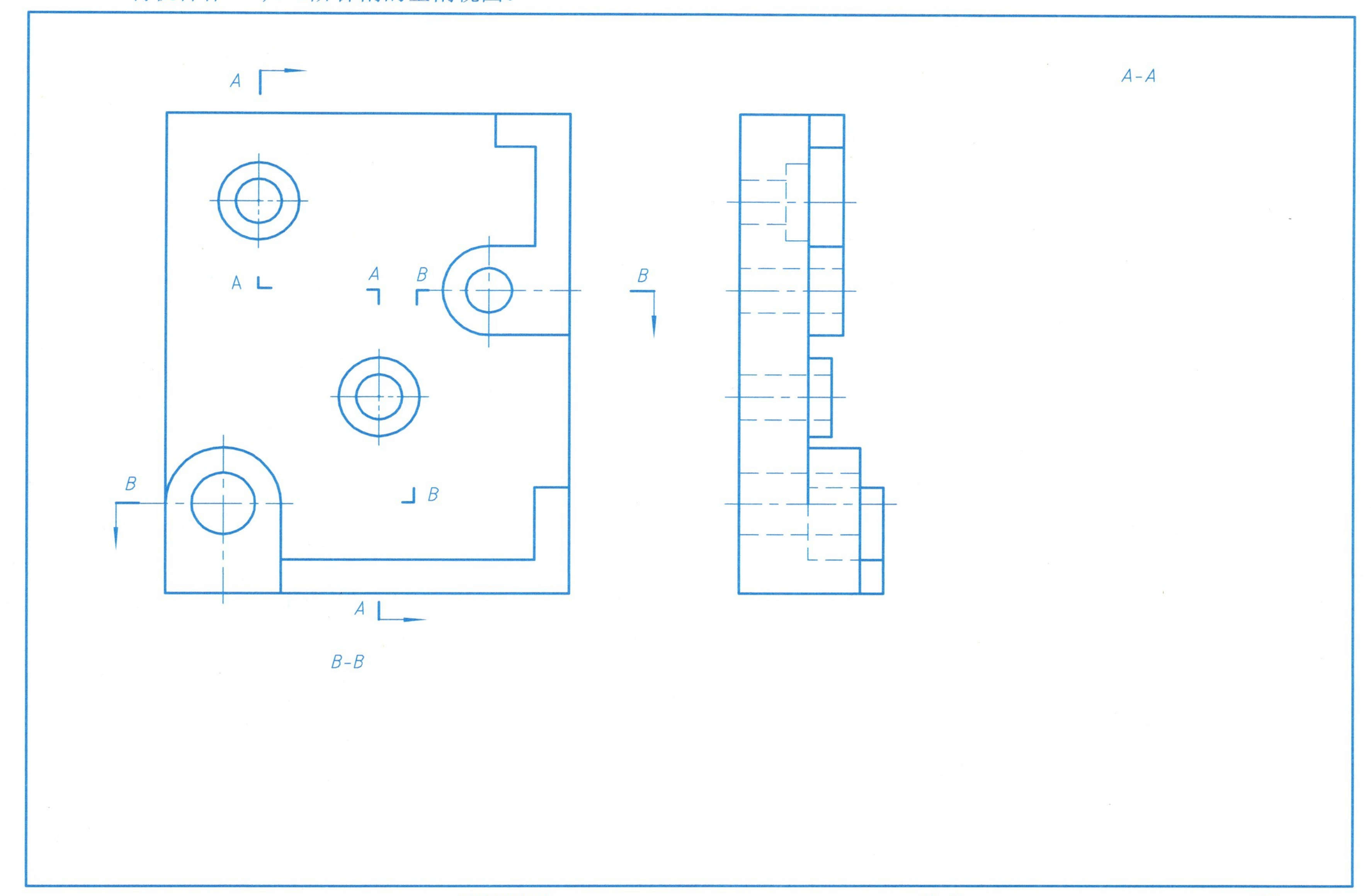

6-17 作出机件的A-A斜剖视图。

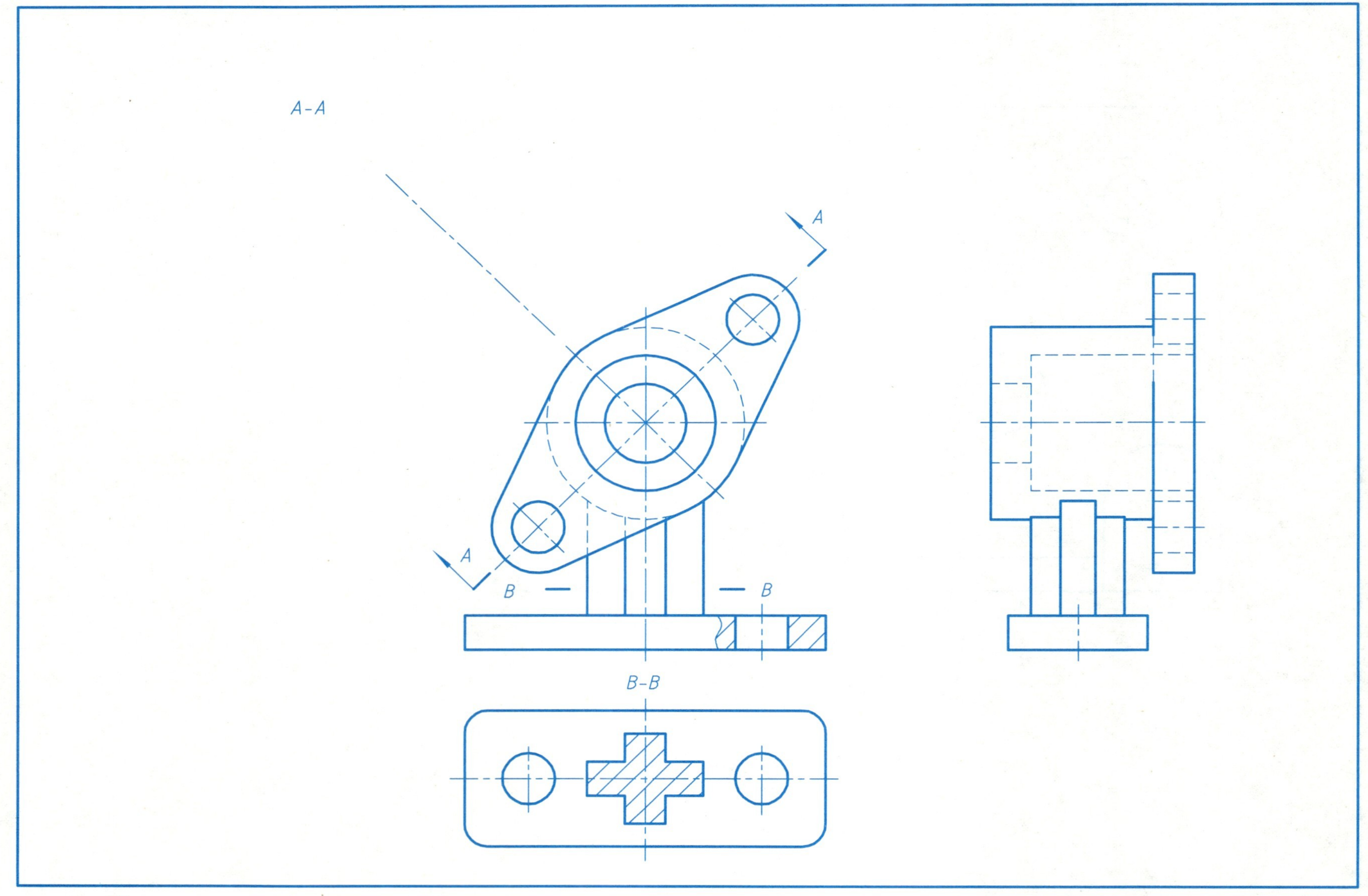

6-18 在视图的适当位置上作局部剖 。

6-19 看懂机件的两视图，将主视图作局部剖。

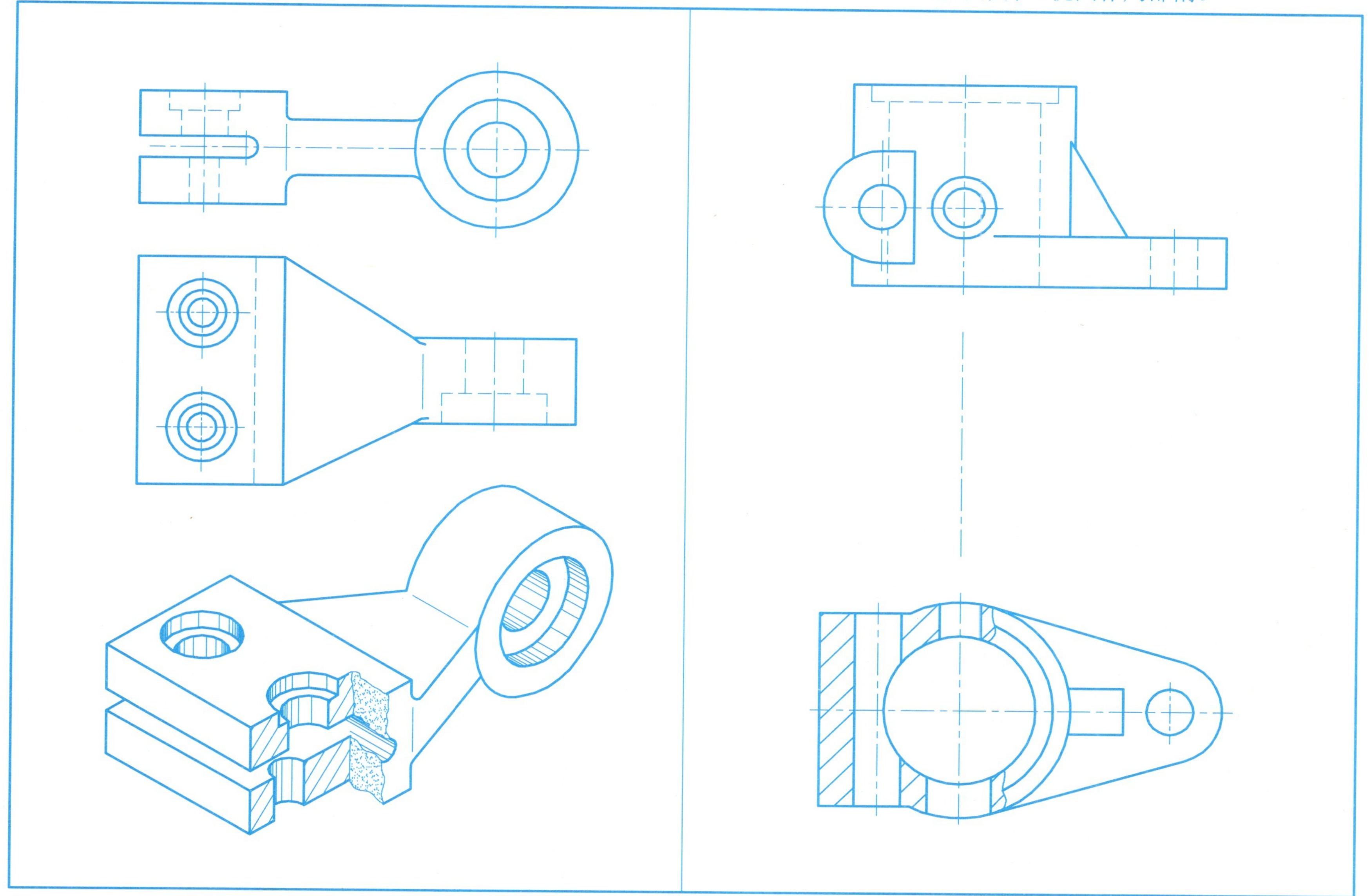

班级学号　　　　　　　　　　　　姓名

6-20 求作主视图的外形图。

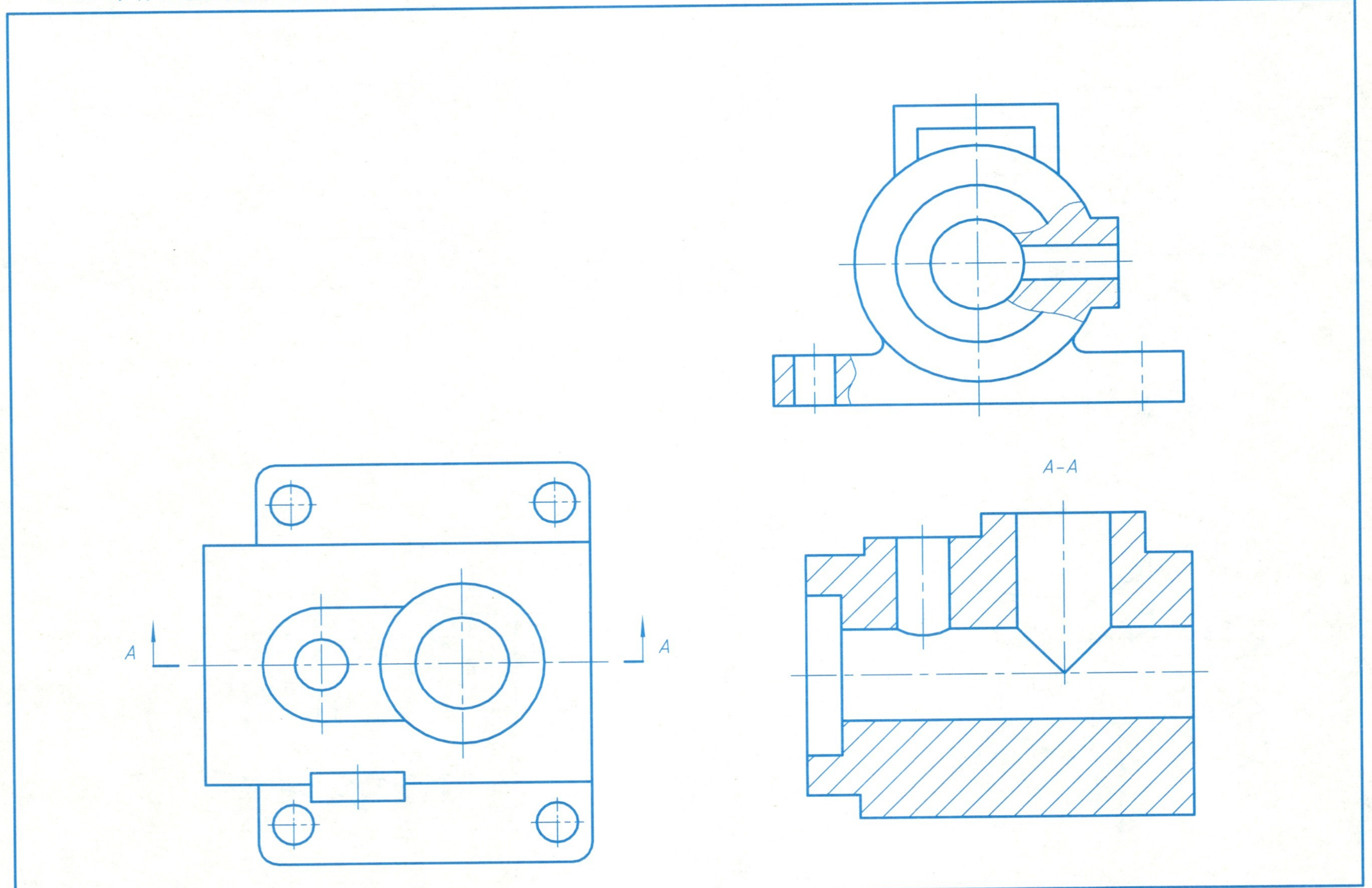

6-21 求作机件主视图的外形图(B向)。

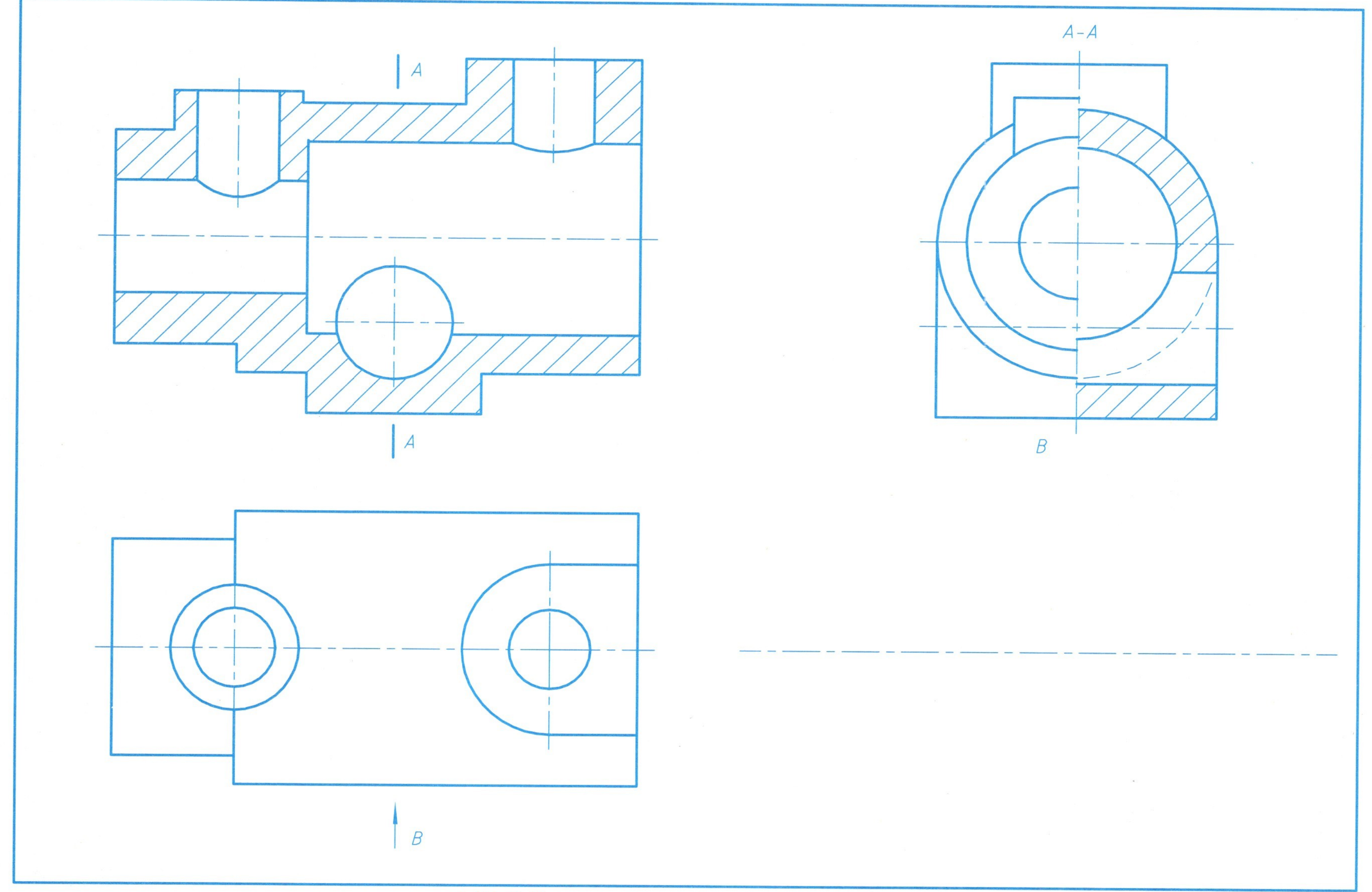

6-22 在指定的位置画出三个移出断面图(键槽深4mm)。

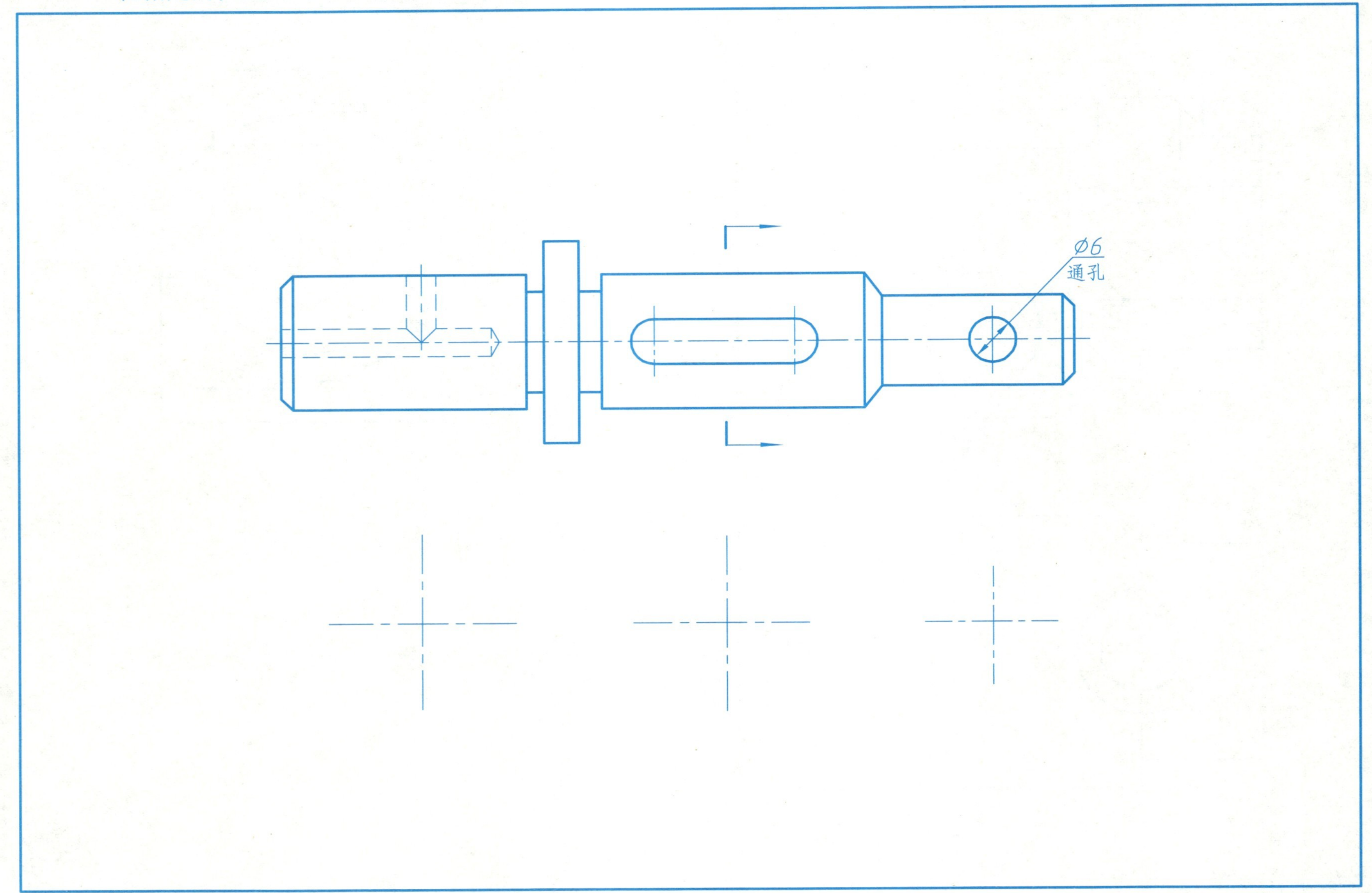

6-23 在视图下方的各图中选出正确的断面图，并在选定的断面图上方进行标注。

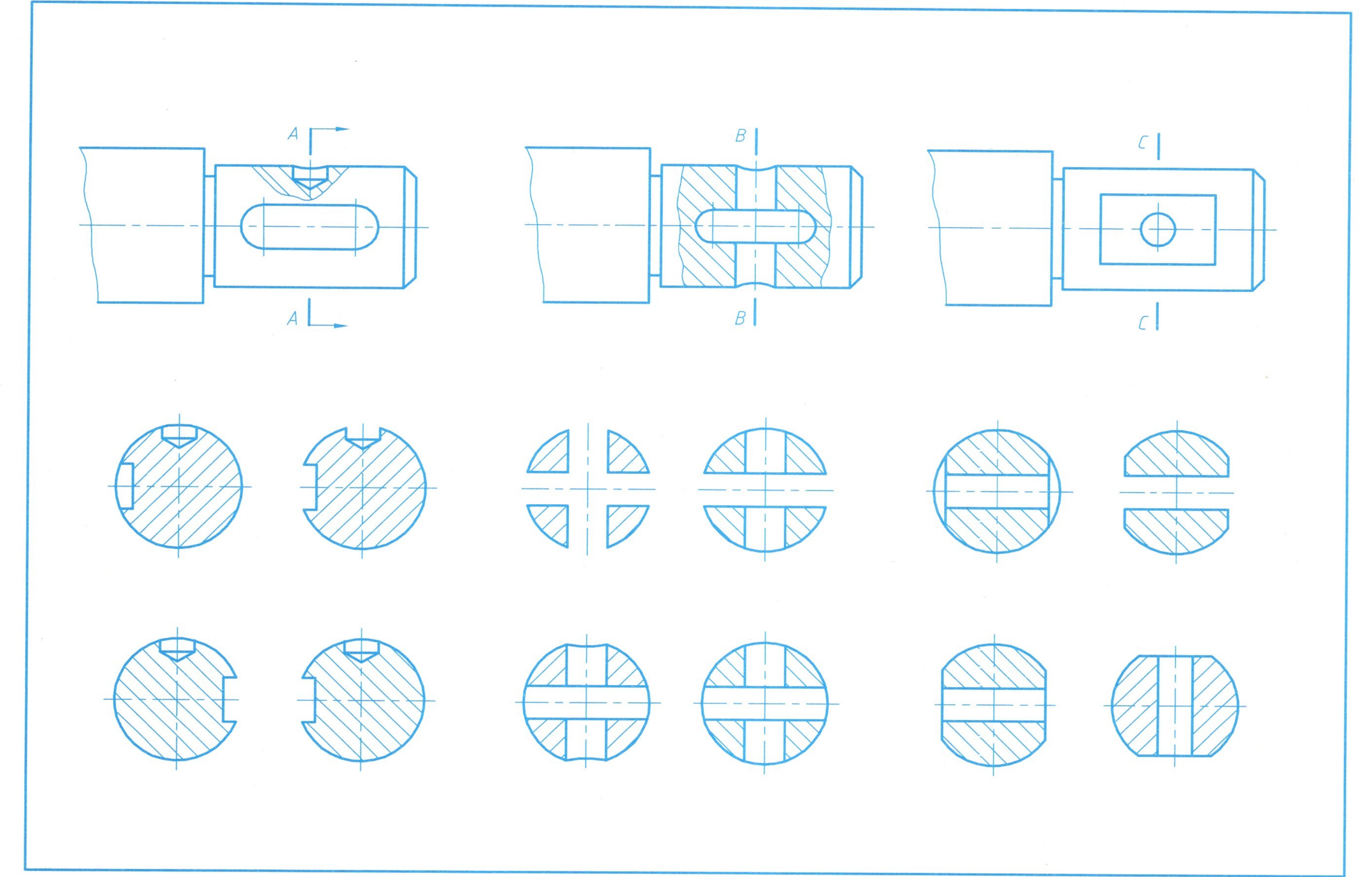

6-24 采用简化画法，将主视图画成适当的剖视图。

6-25 采用简化画法，将主视图画成适当的剖视图。

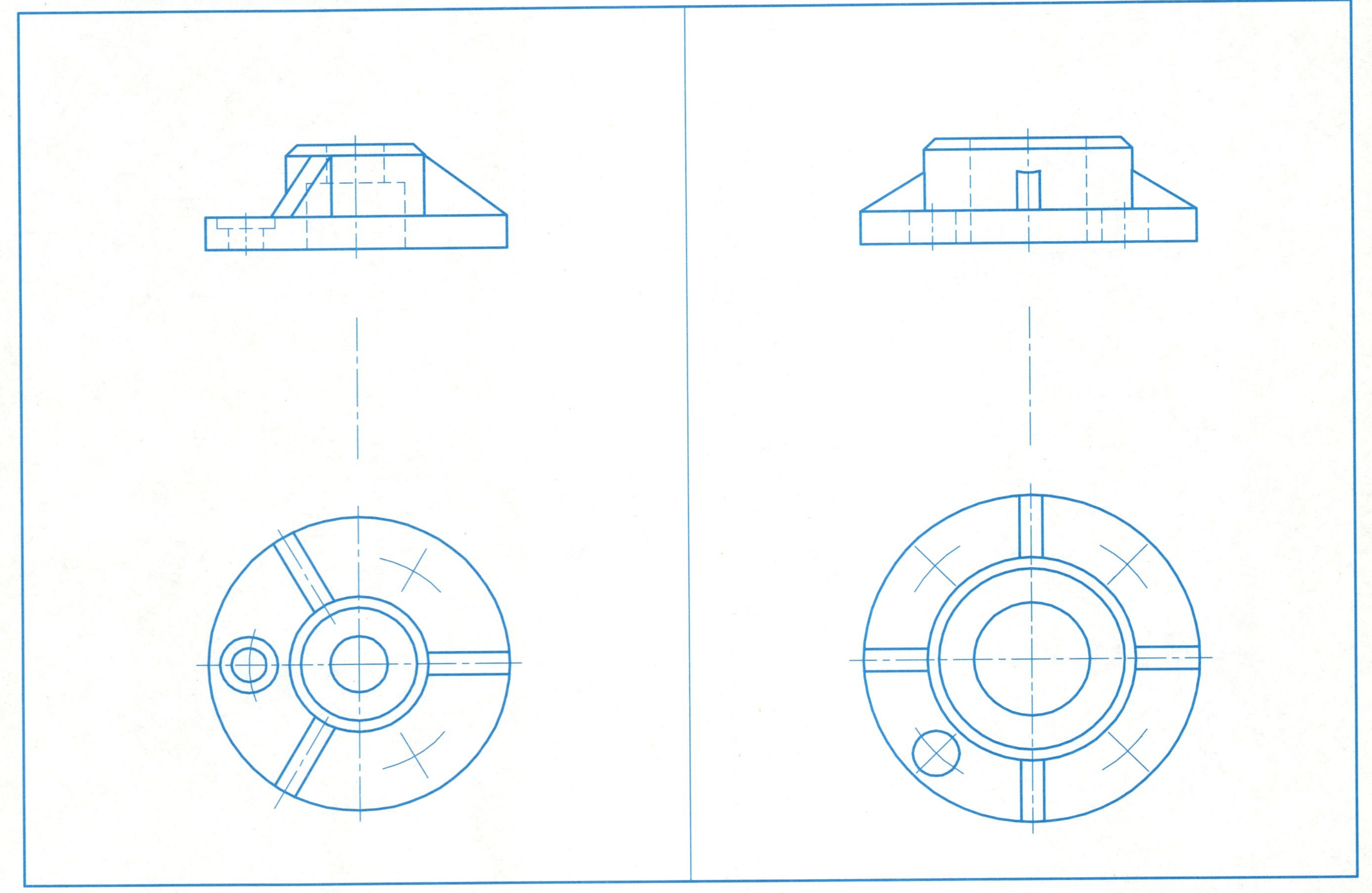

6-26 选择适当的表达方案,在A3图纸上用2:1的比例画出主、俯、左三视图。

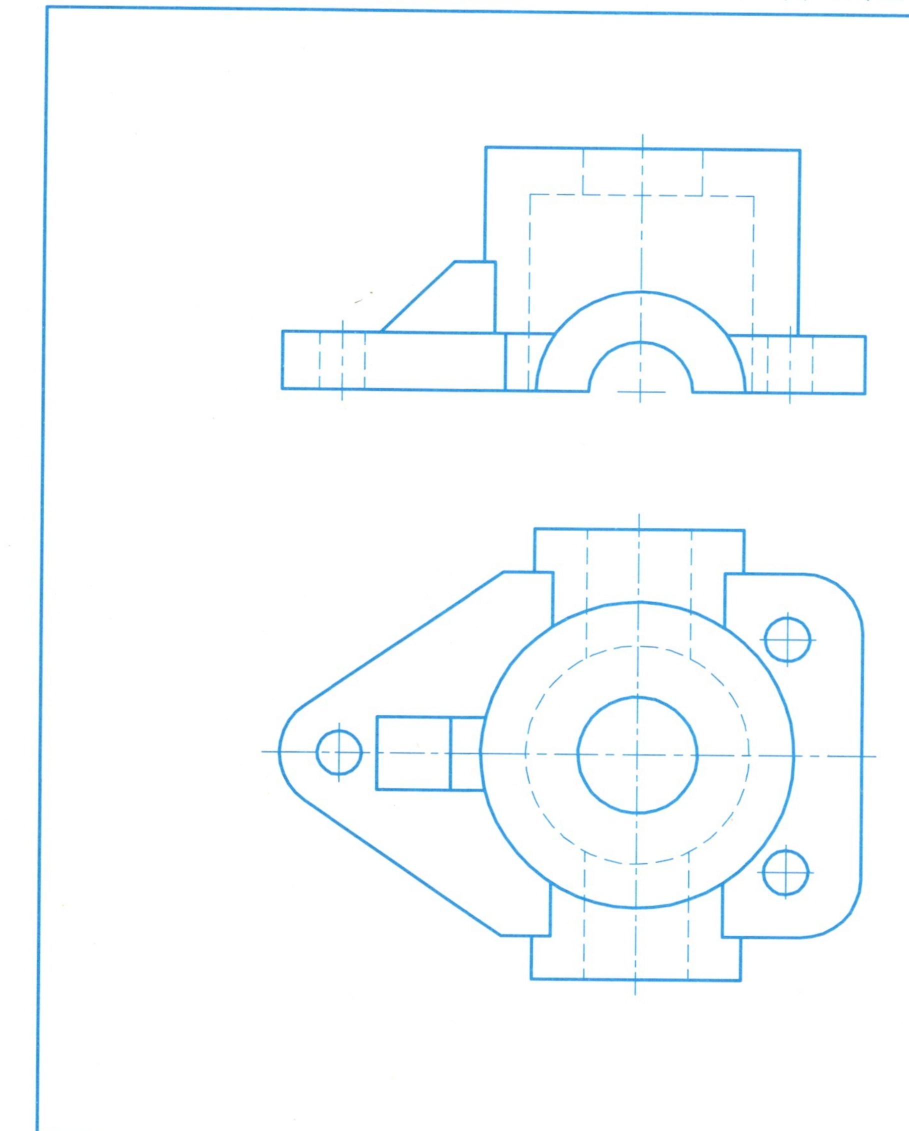

6-27 选择适当的表达方案,在A3图纸上用2:1的比例画出主、俯、左三视图。

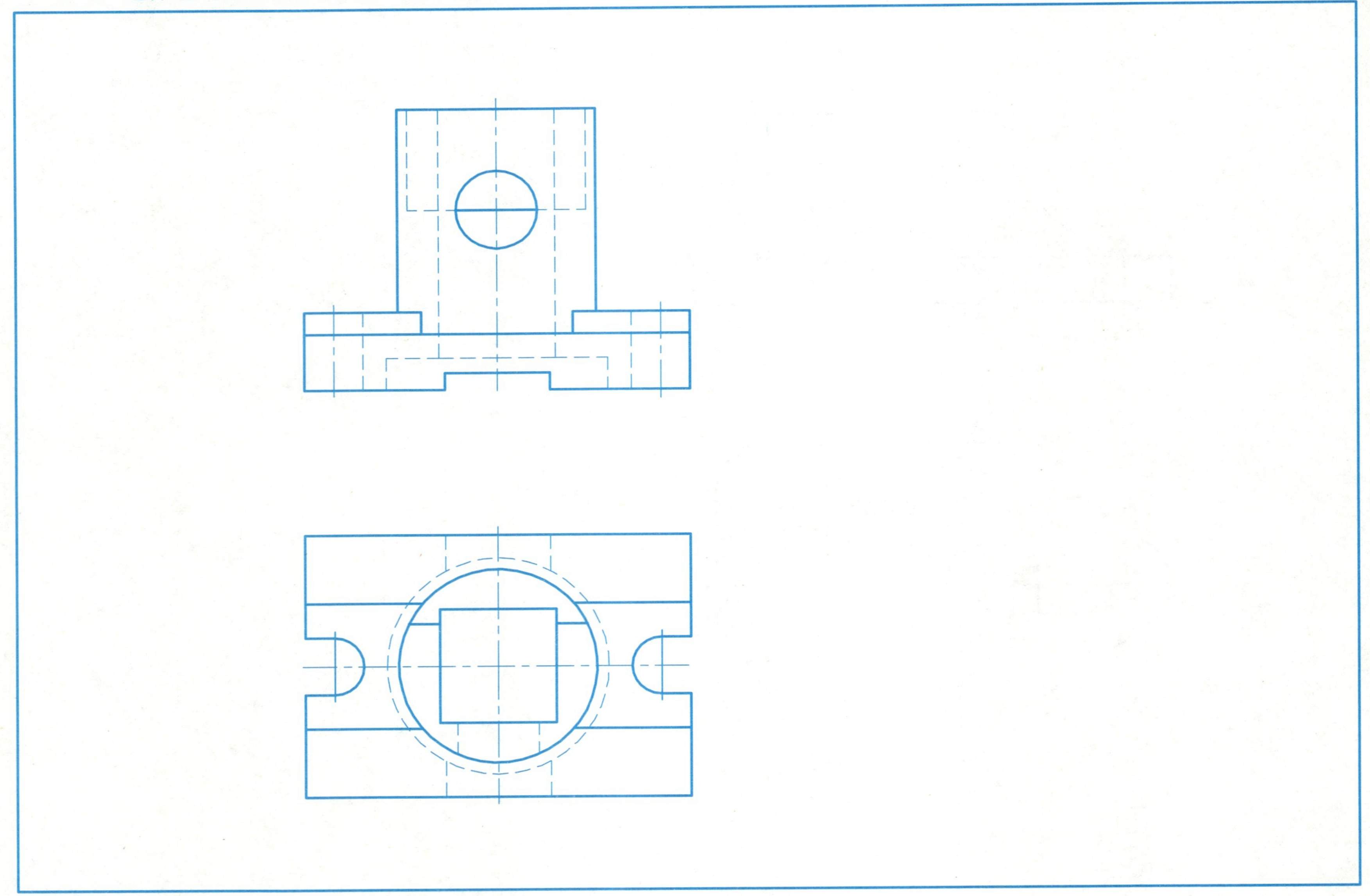

6-28 看懂机件视图，选择适当的表达方法，完整、准确地表示该机件，并用A3图纸，按1:1的比例画出。

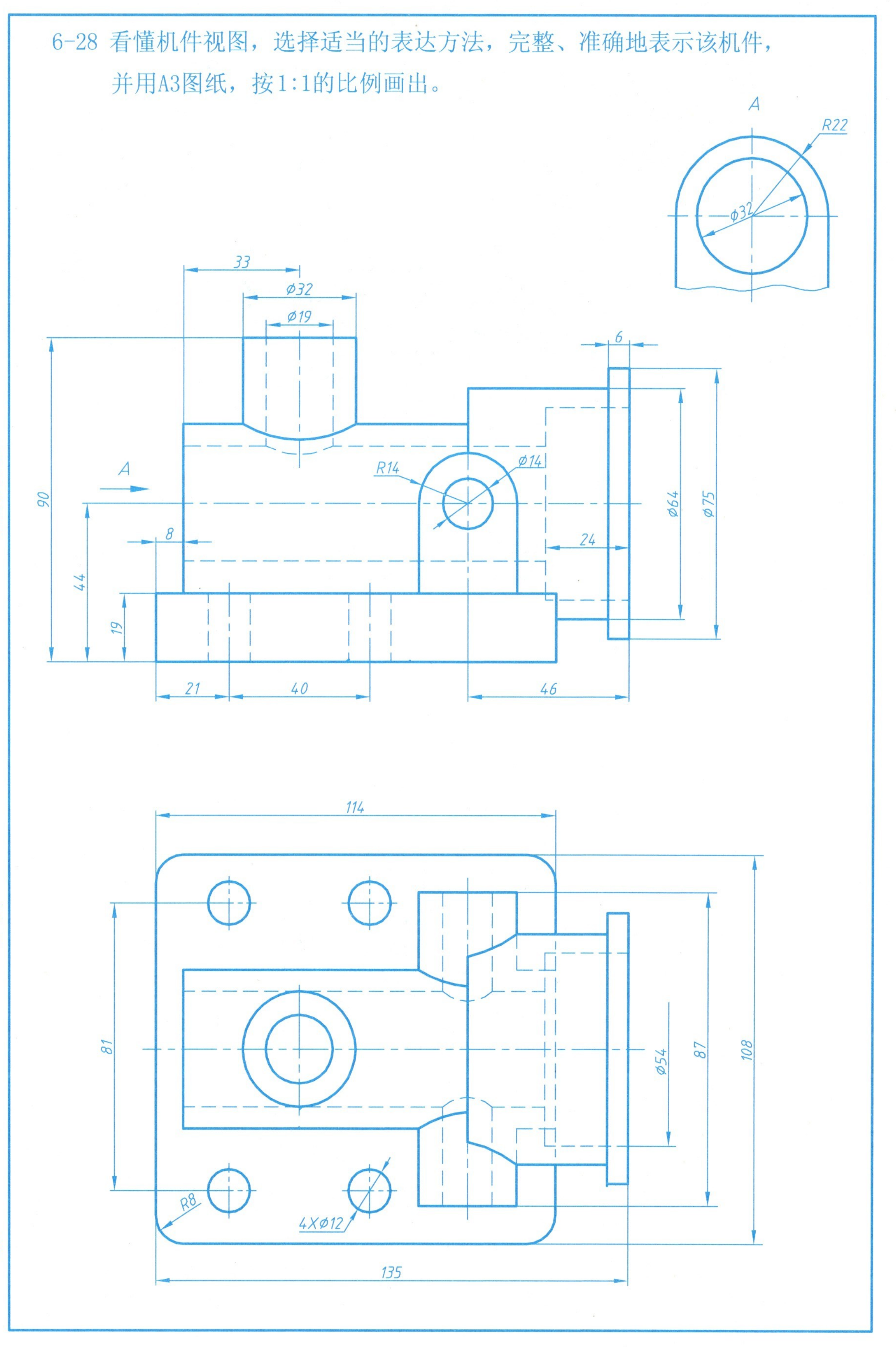

6-29 看懂机件视图，选择适当的方法，完整、准确地表示该机件，用A3图纸，2:1的比例画出该机件。

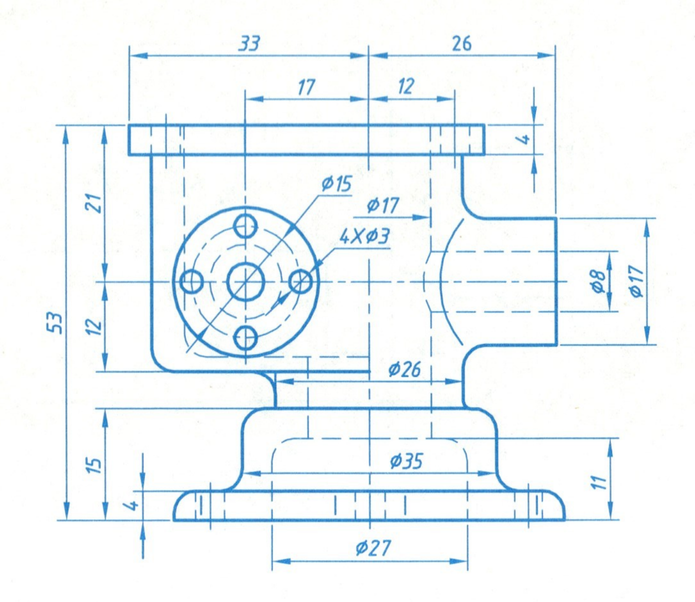

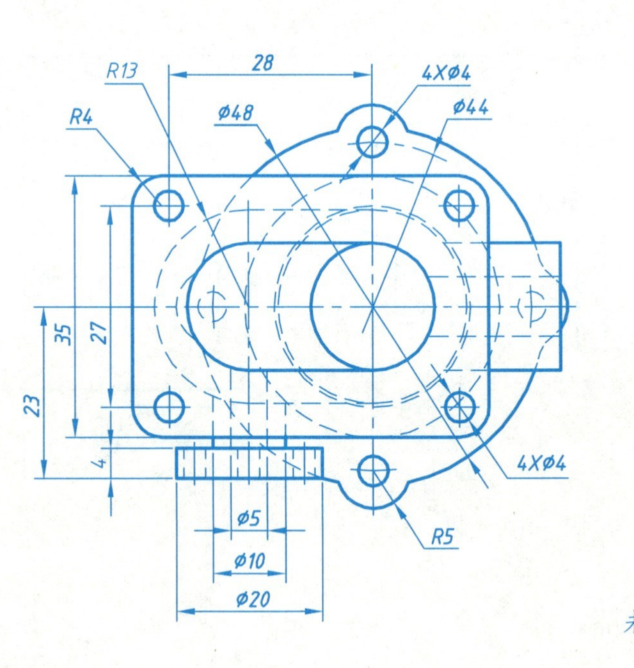

未注圆角R3

7-1 分析图中的错误，在下面画出正确图形。

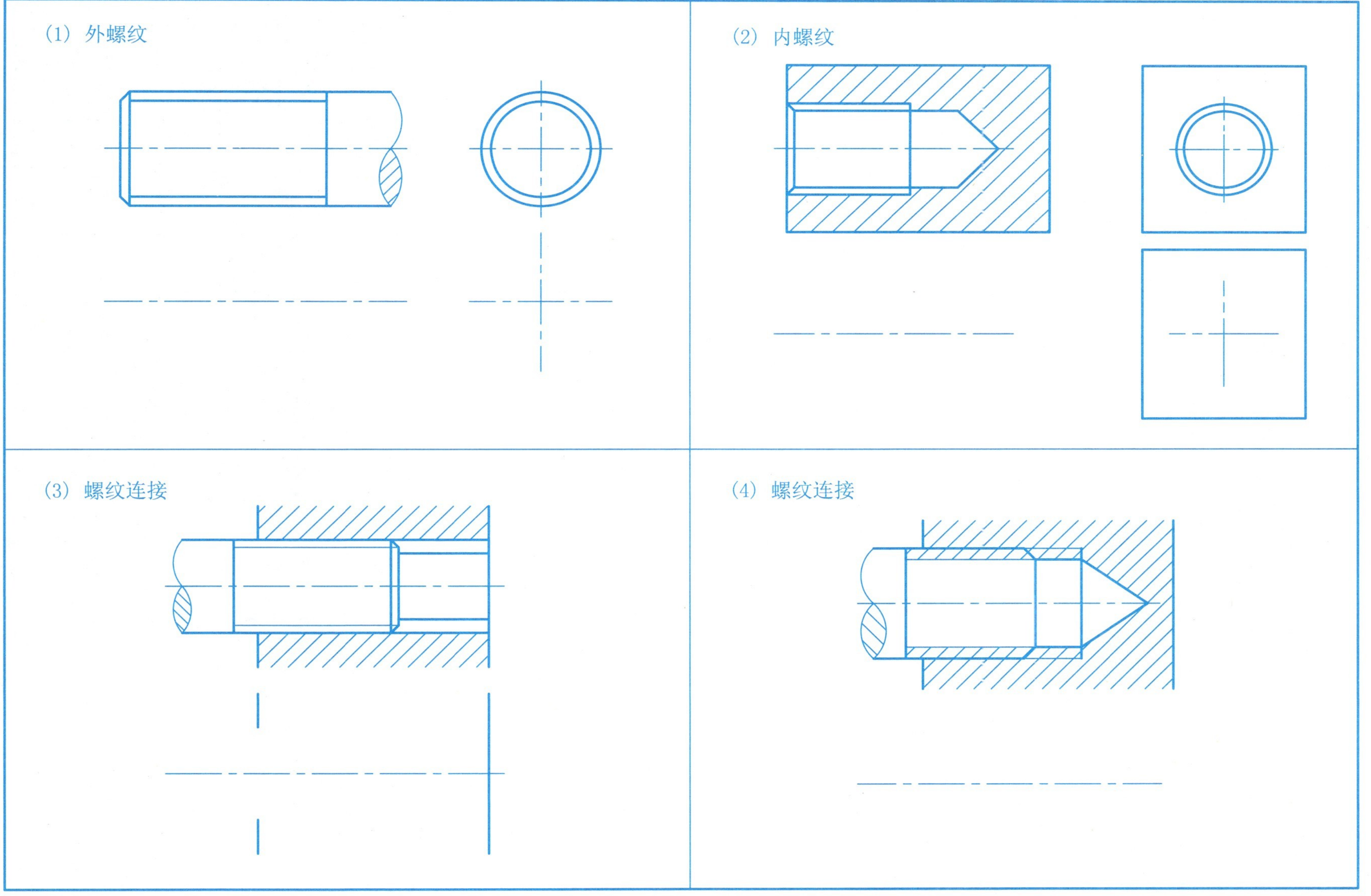

7-2 按要求完成下列各题。

(1) 普通螺纹，公称直径20，螺距2，螺纹长度35，倒角2×45°，右旋，补画左视图并标注。

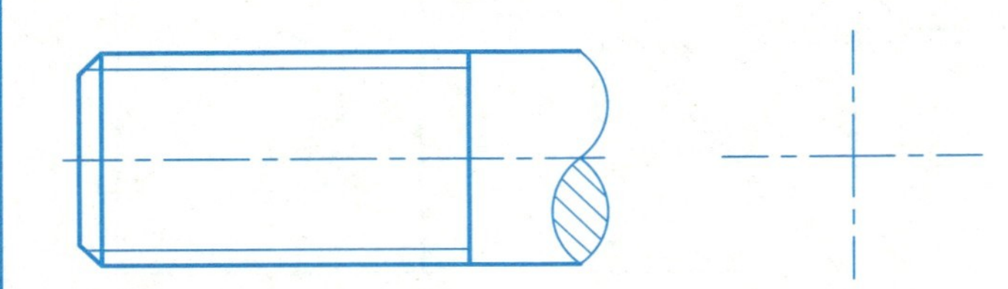

(2) 与上述外螺纹连接的内螺纹，螺纹长度20，补画左视图并标注。

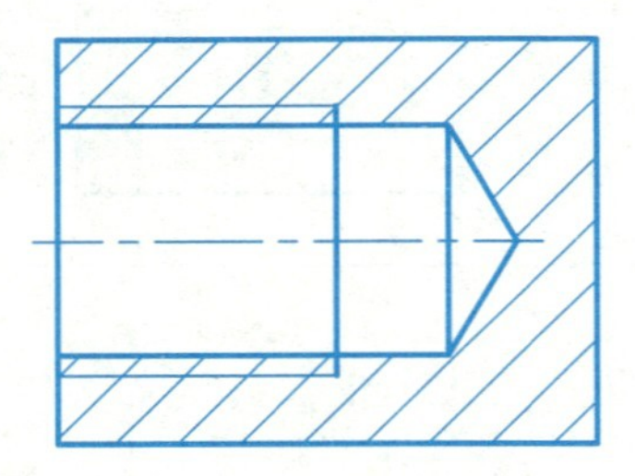

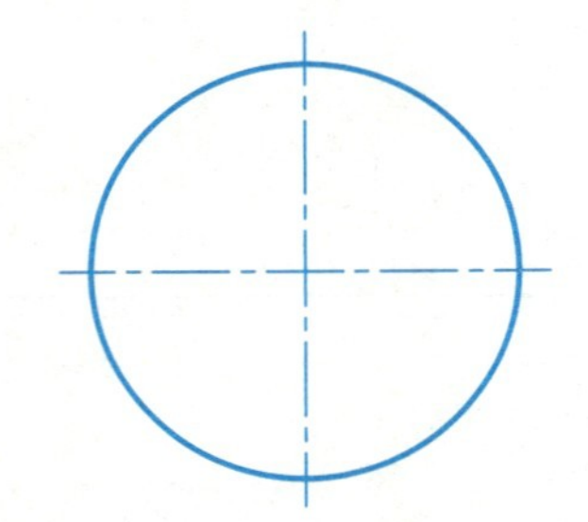

(3) 内、外螺纹连接，补画A-A断面图并标注。

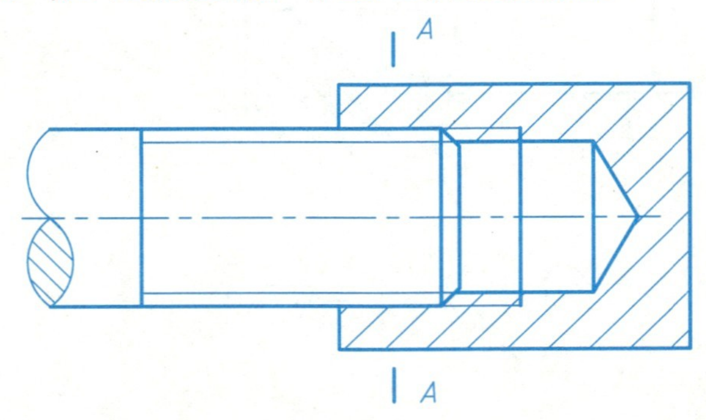

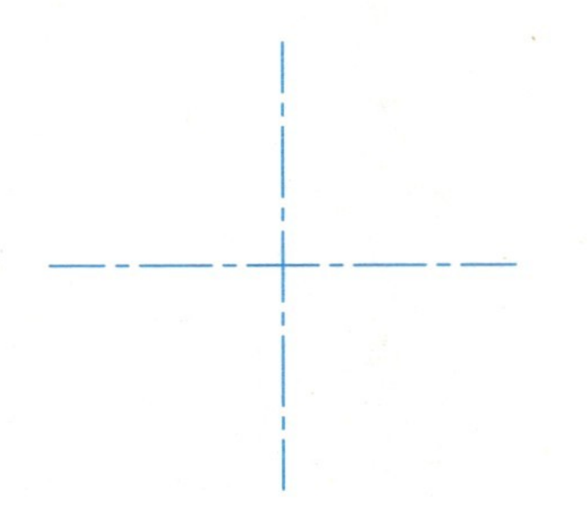

(4) 说明螺纹规定代号的意义，并逐项填入表内。

意义 代号	螺纹种类	公称直径	导程	螺距	线数	旋向
M24						
M20LH						
M16X1						
Tr44X14(P7)						
B40x7						

(5) 标注非螺纹密封的圆柱管螺纹，尺寸代号1英寸，螺纹长度35，倒角3×45°，左旋。

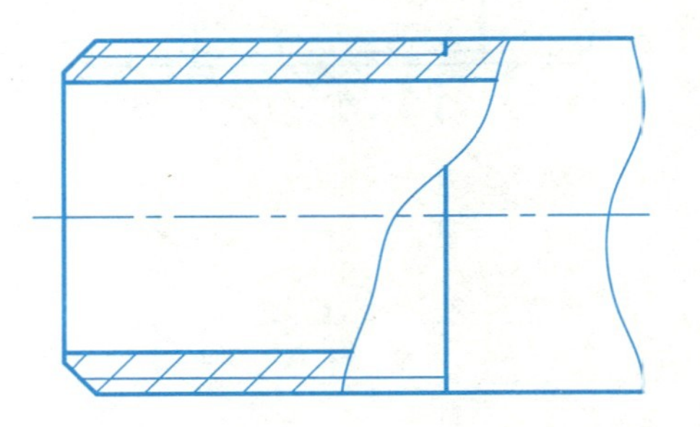

7-3 根据给出图形及尺寸，查表写出标准件的规定标记。

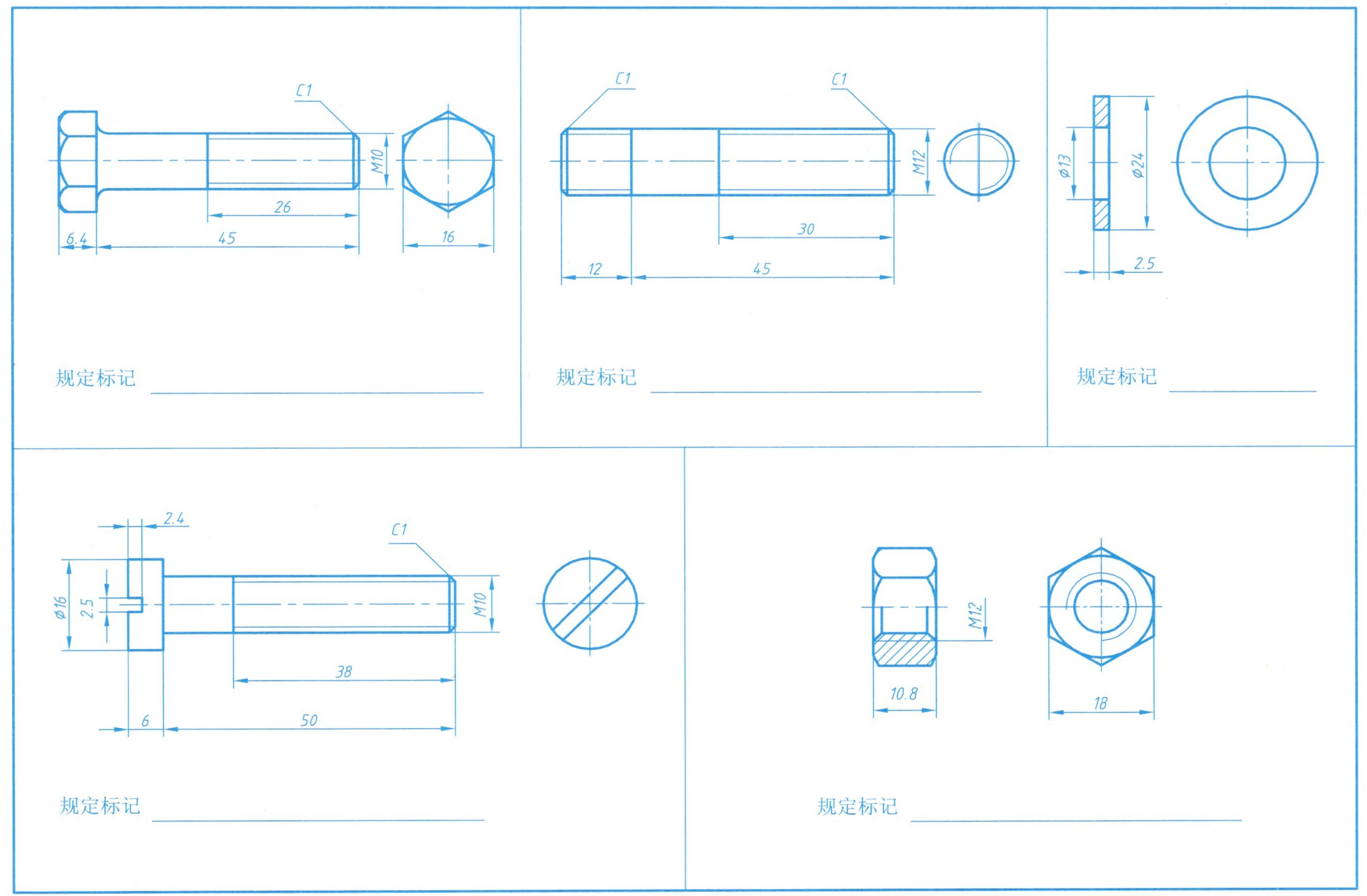

7-4 螺纹紧固件连接的画法。

（1）分析螺栓连接画法的错误，在右边按正确画法画出 。

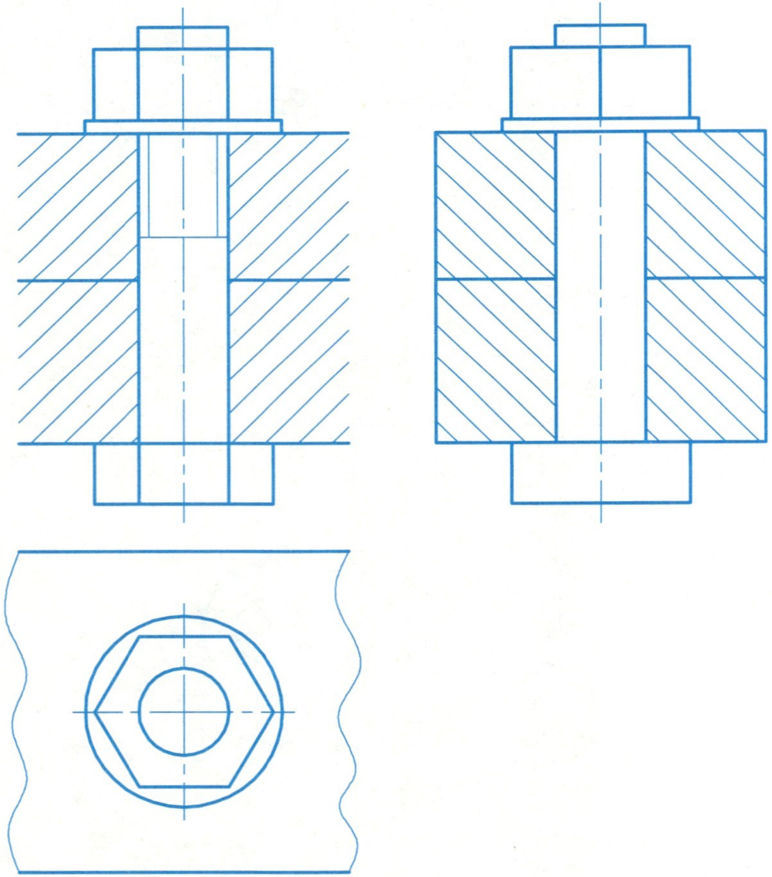

（2）分析螺柱连接和螺钉连接画法的错误，在图右边按正确画法画出。

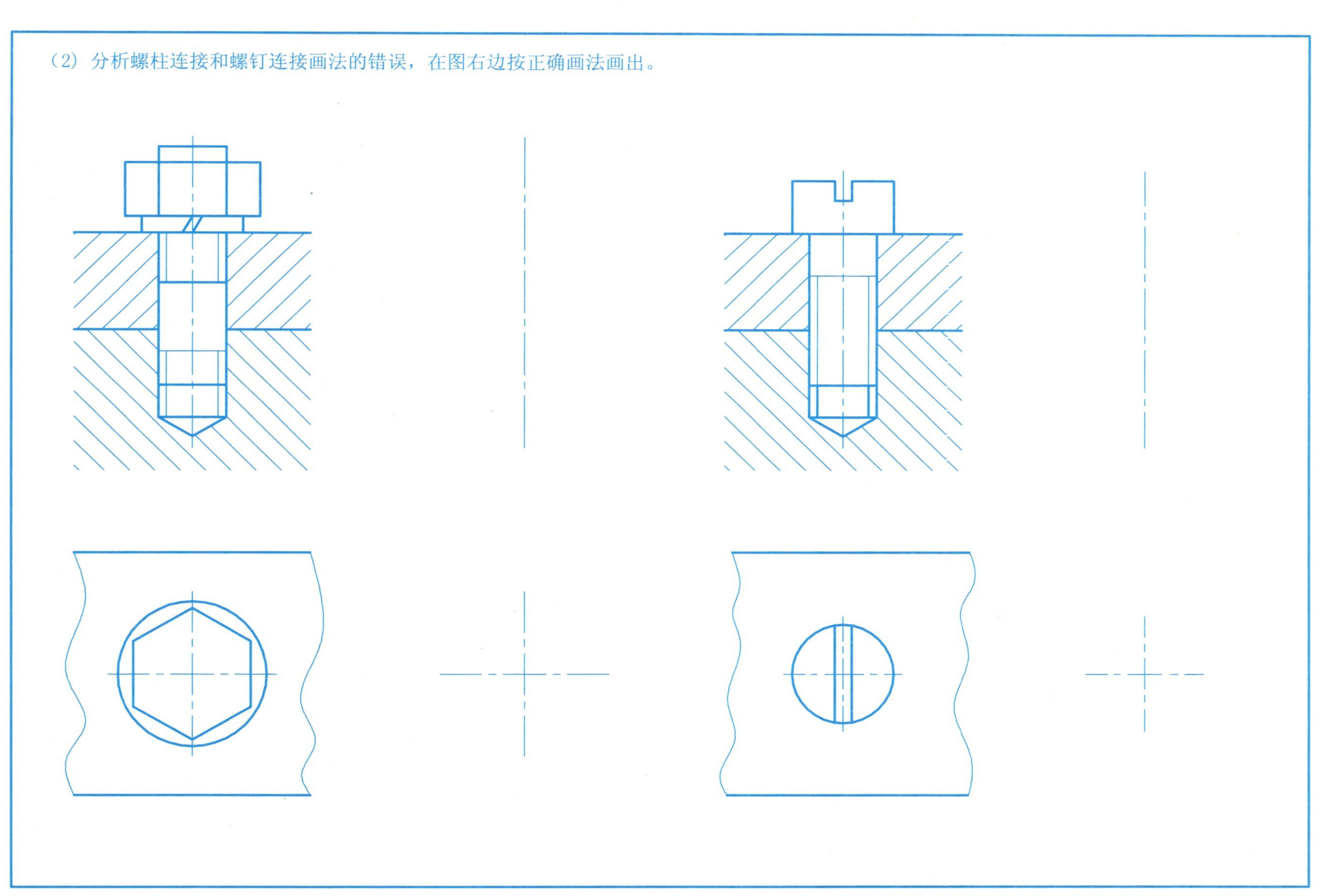

7-5 用A3图纸按1:1的比例画出螺纹紧固件的连接图。

(1) 螺栓连接

（1）螺栓 GB/T 5782—2000 M20×l

（l 由计算后查表确定）

（2）螺母 GB/T 6170—2000 M20

（3）垫圈 GB/T 97.1—2002 20

（4）上板厚 $\delta_1=30$

下板厚 $\delta_2=35$

板宽 60

板长 65

要求：

画三视图，主视图作全剖视，左视图不剖，采用比例及简化画法，不注尺寸。

(2) 螺柱连接

（1）螺柱 GB/T 898—2000 M20×l

（l 由计算后查表确定）

（2）螺母 GB/T 6170—2000 M20

（3）垫圈 GB/T 93—1987 20

（4）上板厚 $\delta_1=30$

下板厚 $\delta_2=65$ 材料为铸铁

板宽 60

板长 65

要求：

画主、俯两视图，主视图作全剖视。采用比例及简化画法，不注尺寸。

(3) 螺钉连接

（1）螺钉 GB/T 68—2000 M20×l

（l 由计算后查表确定）

（2）上板厚 $\delta_1=30$

下板厚 $\delta_2=65$ 材料为铸铁

板宽 60

板长 65

要求：

画主、俯两视图，主视图作全剖视。采用比例画法，不注尺寸。

7-6 画出图中所示轴的A-A断面图和轮毂键槽的B向局部视图，补全轮毂主视图中键槽的投影，并查表注写键槽的尺寸。

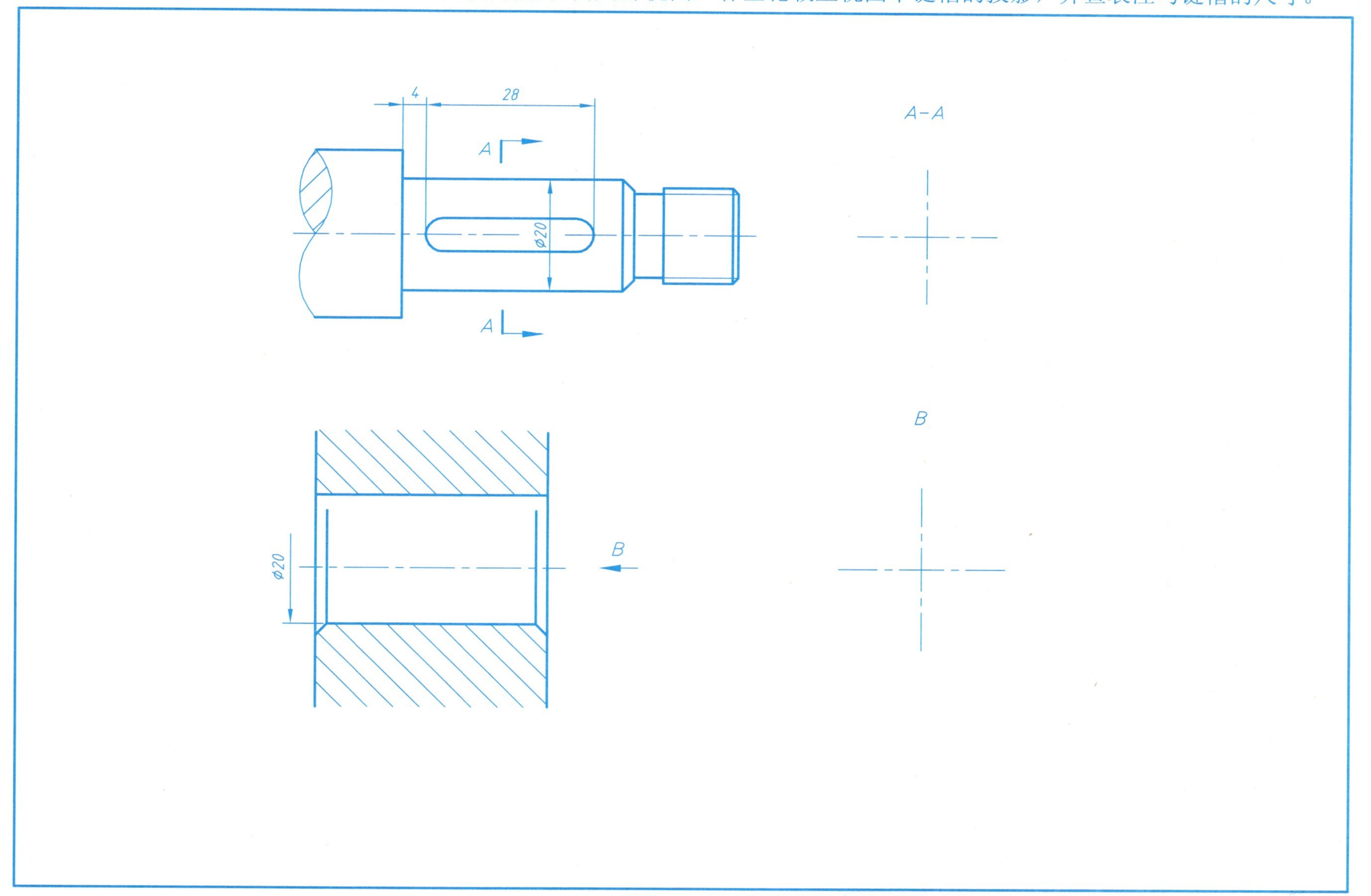

班级学号 姓名

7-7 选适当长度的φ5圆锥销(A型)和φ6圆柱销画出销连接装配图，并写出销的规定标记。

(1) 圆锥销连接

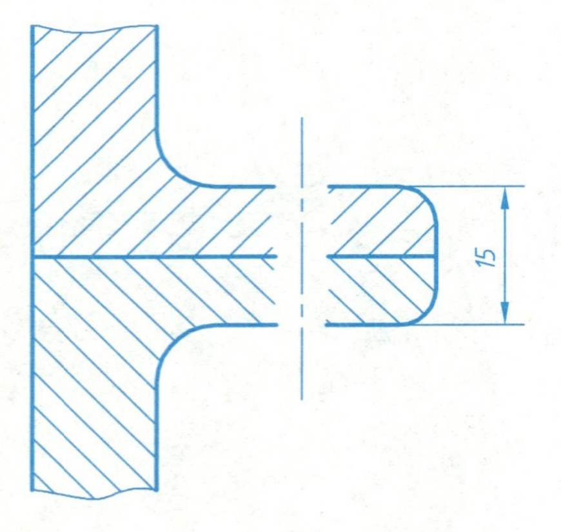

销的标记 ______________________

(2) 圆柱销连接

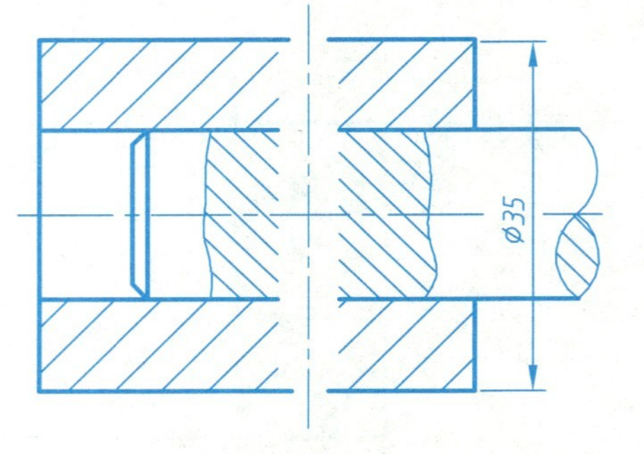

销的标记 ______________________

7-8 用A3图纸按1:1的比例完成两圆柱齿轮的啮合图。

两齿轮的齿数Z_1=18，Z_2=30，中心距a=96，计算两齿轮的模数m及分度圆直径、齿顶圆直径、齿根圆直径，未注尺寸直接从图中量取 。下图为1:2的比例，键与键槽尺寸根据轴径从附表中查出。

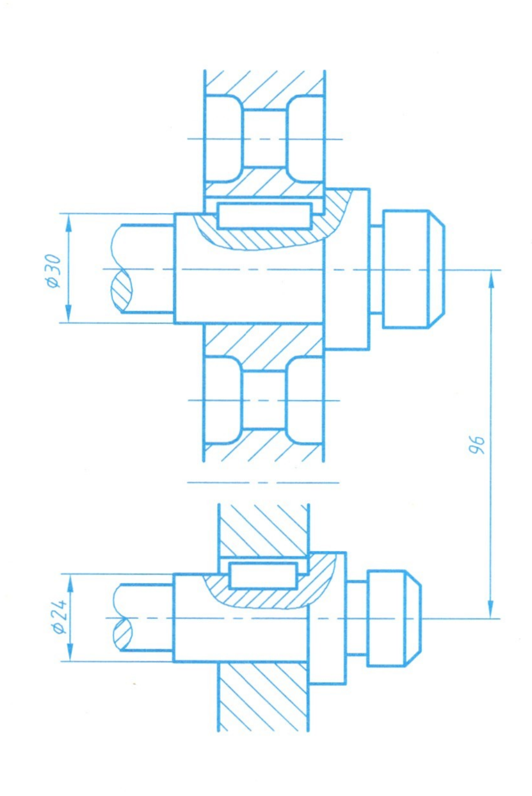

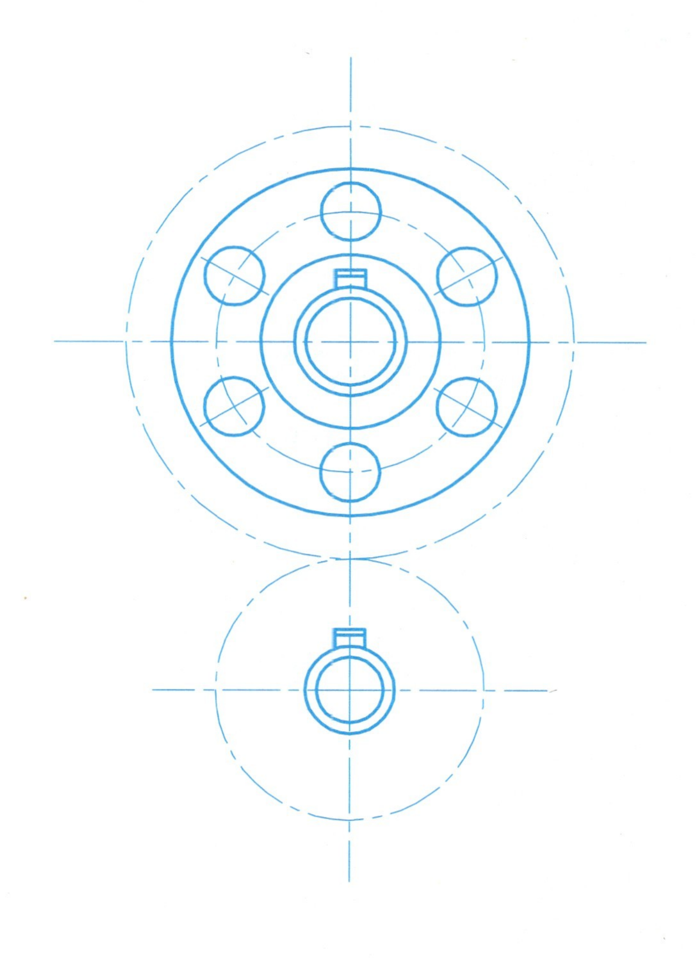

7-9 画出圆柱螺旋压缩弹簧。

已知弹簧外径D_2=60、钢丝直径d=8、有效圈数n=9、总圈数n_1=11.5、节距t=12，右旋。

8-1 根据表中所给定的表面粗糙度参数值，在视图中标注相应的表面粗糙度代号。

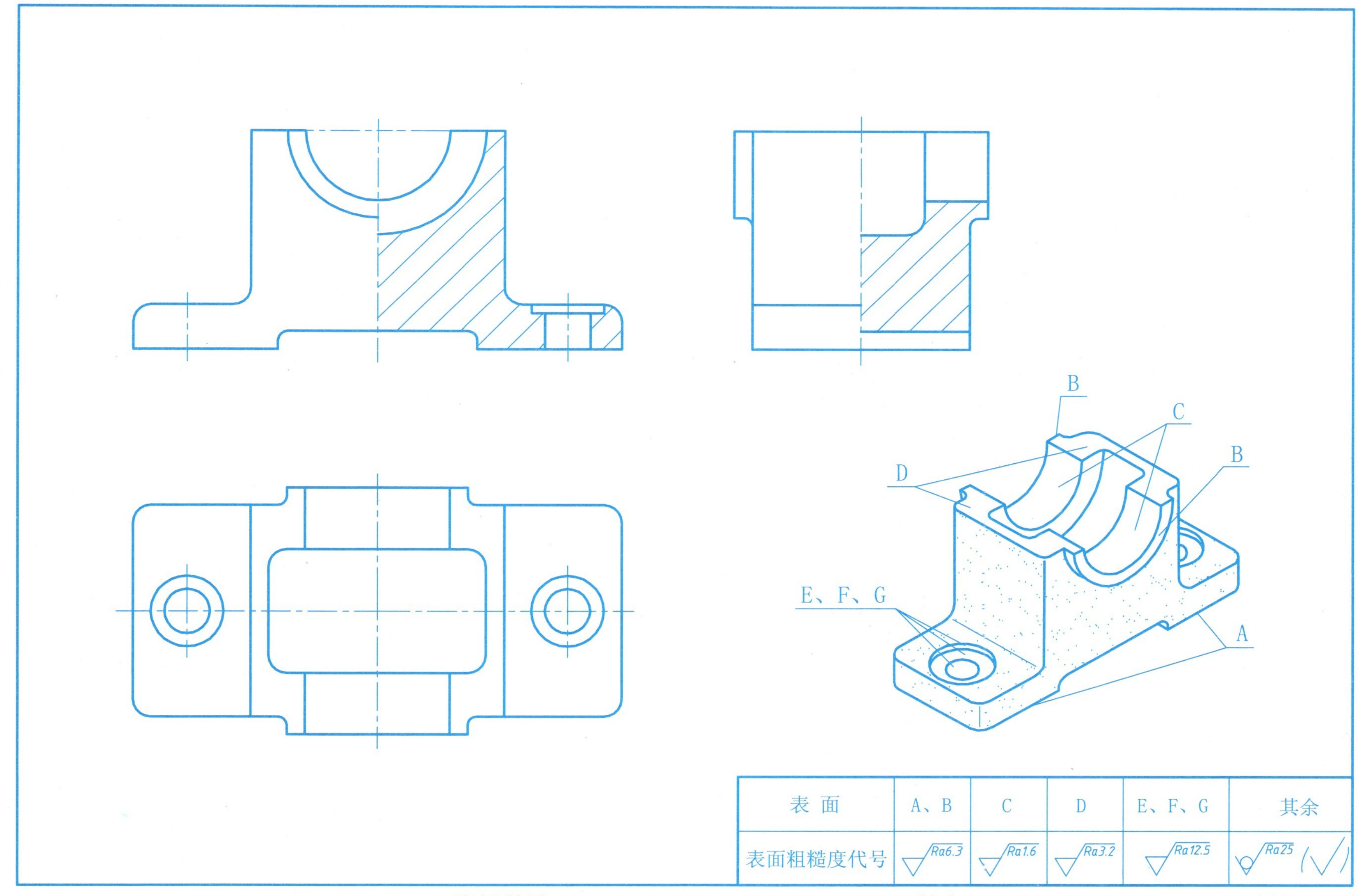

表面	A、B	C	D	E、F、G	其余
表面粗糙度代号	$\sqrt{Ra6.3}$	$\sqrt{Ra1.6}$	$\sqrt{Ra3.2}$	$\sqrt{Ra12.5}$	$\sqrt{Ra25}$ (√)

8-2 根据表中所给定的表面粗糙度参数值，在视图中标注相应的表面粗糙度代号。

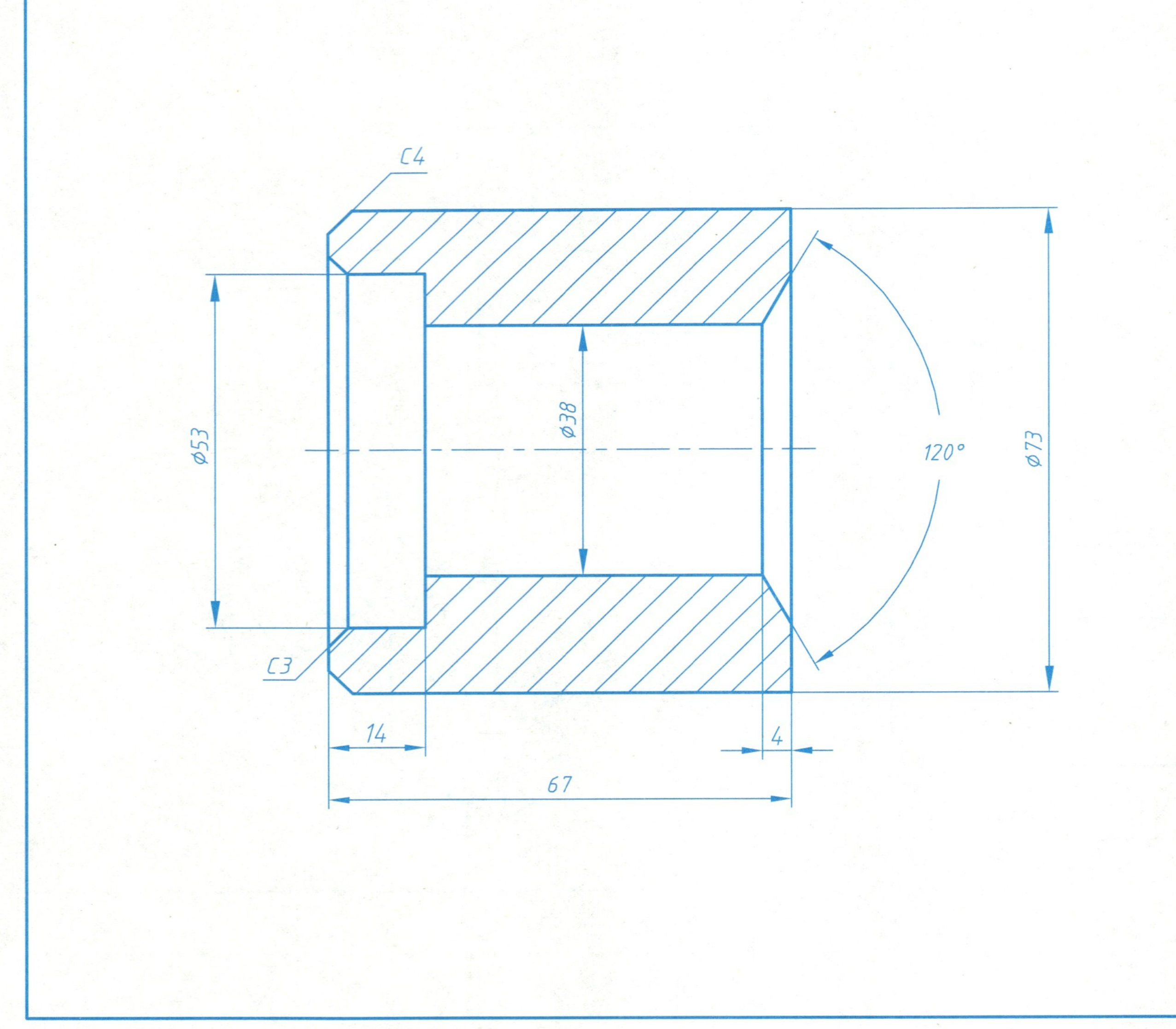

表　面	表面粗糙度代号
120° 锥面	Ra6.3
⌀53 圆柱面	Ra3.2
⌀73 圆柱面	Ra1.6
⌀38 圆柱面	Ra0.8
左 端 面	Ra3.2
右 端 面	Ra6.3
其　余	Ra12.5 (√)

8-3 根据装配图中的配合代号，说明配合基准制和配合种类，并分别在零件图中注出基本尺寸和偏差数值。

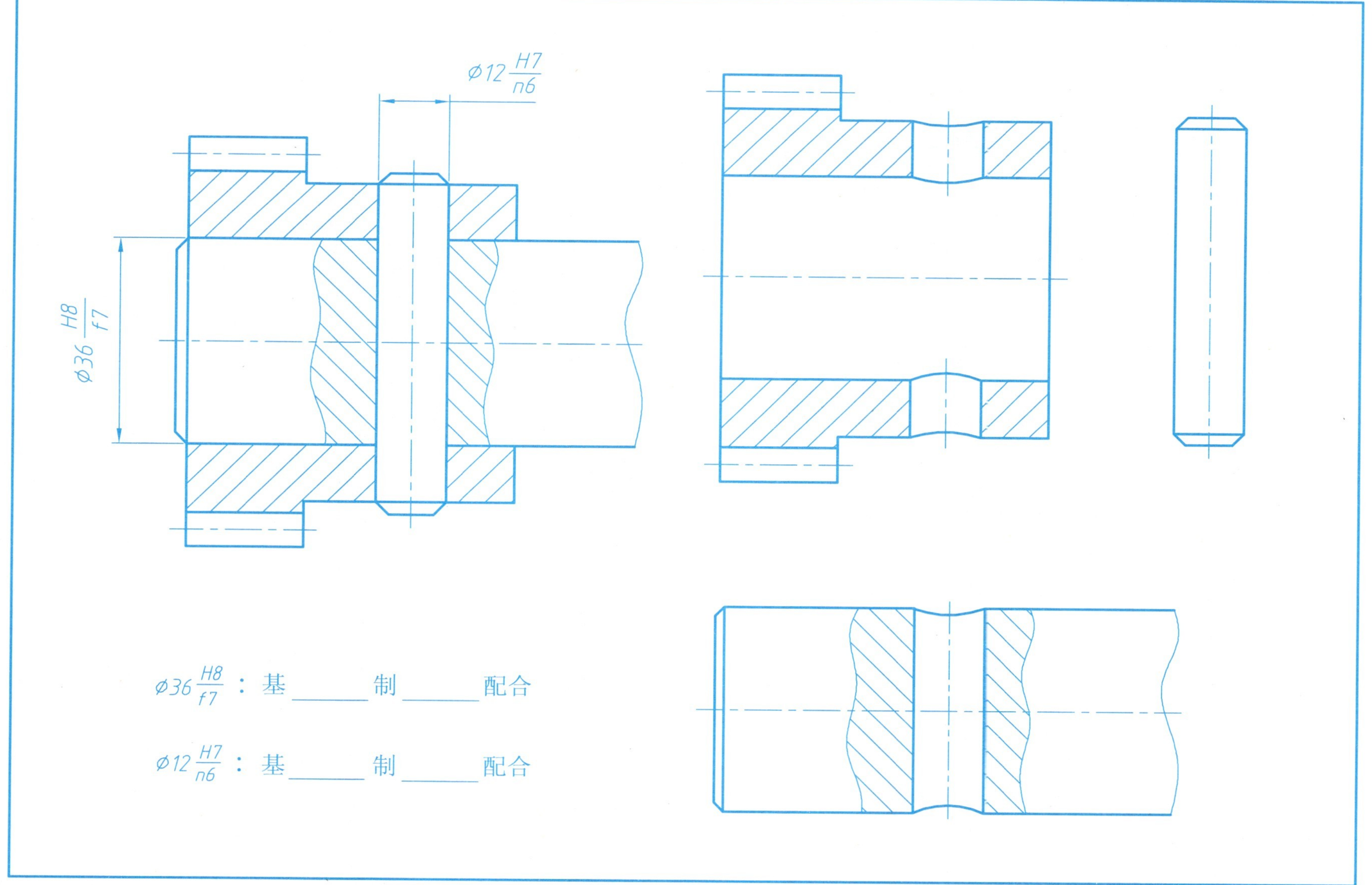

8-4 根据装配图中的配合代号，说明配合基准制和配合种类，并分别在零件图中注出基本尺寸和偏差数值。

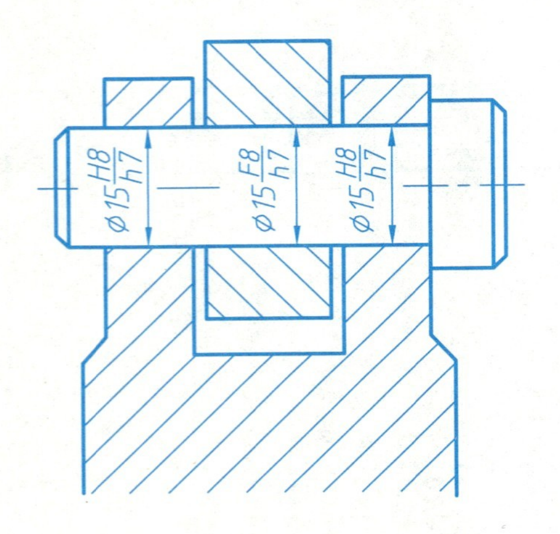

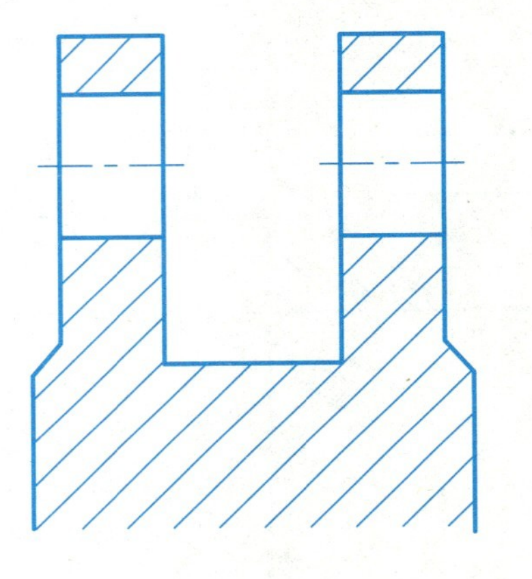

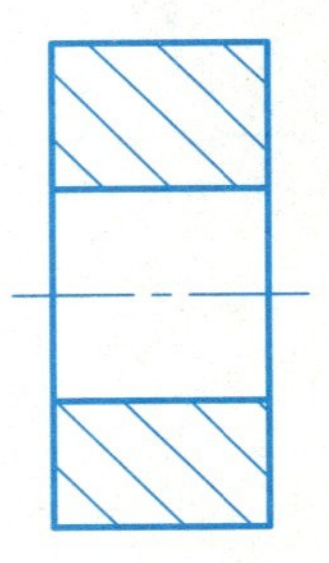

$\phi 15\frac{F8}{h7}$ ：基_______制_______配合

$\phi 15\frac{H8}{h7}$ ：基_______制_______配合

8-5 看懂主轴零件图，在指定位置画出C-C断面图 。

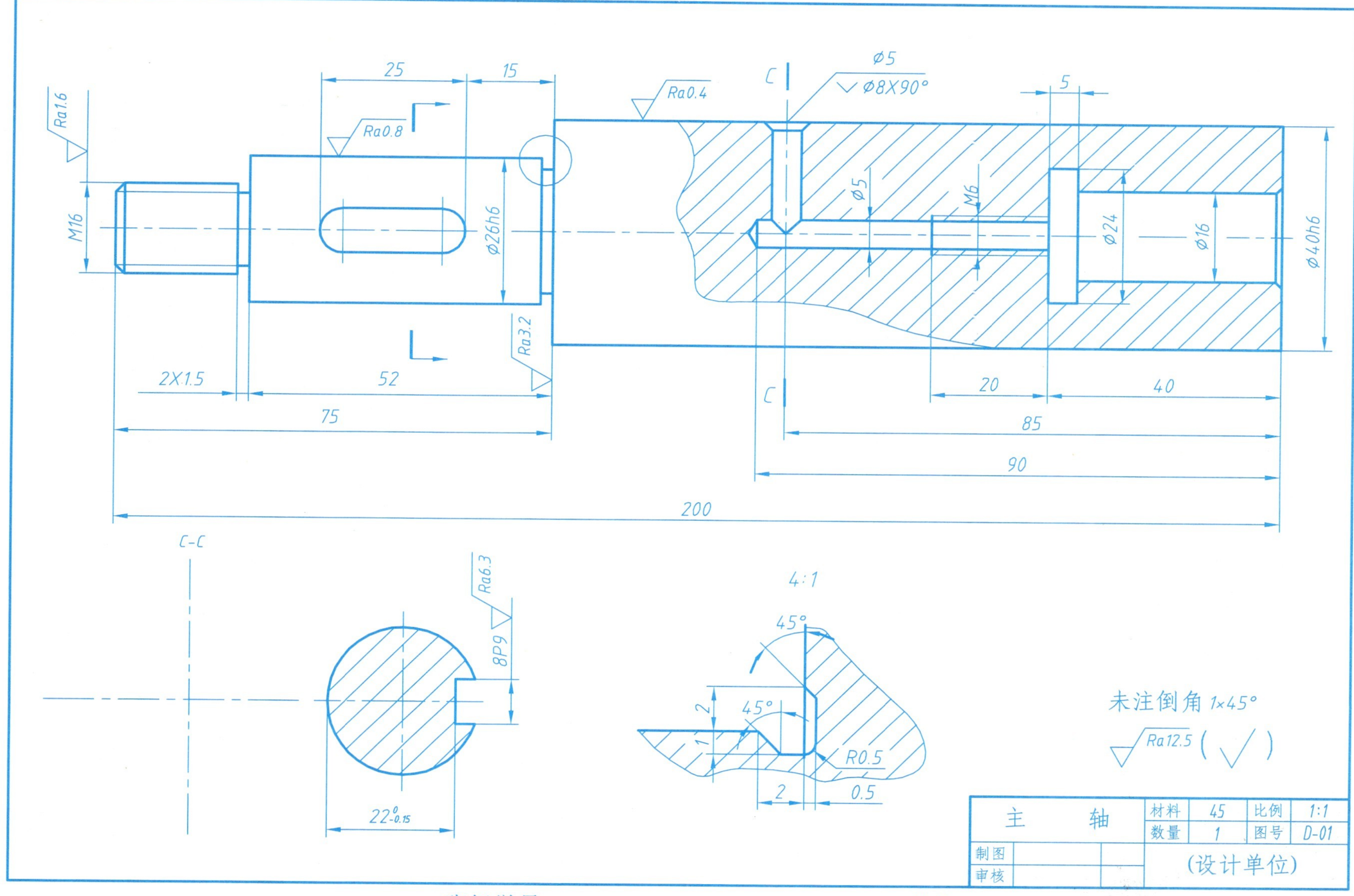

班级学号　　　　姓名

8-6 读懂丝杆支座的零件图，回答下列问题。

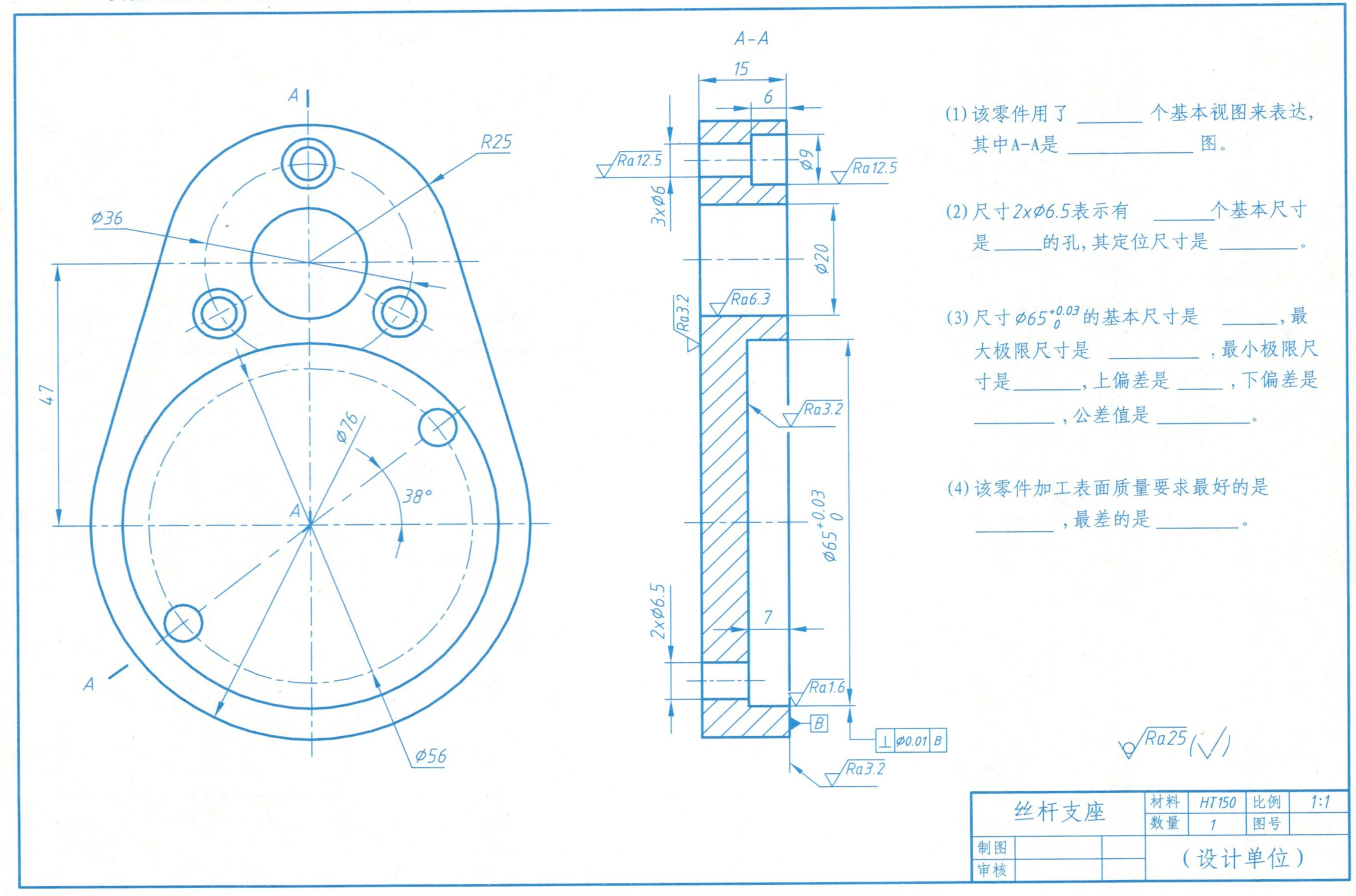

8-7 看懂零件图，将左视图改为外形图；分析拨叉的基准和尺寸，在图中标出三个方向的尺寸基准。

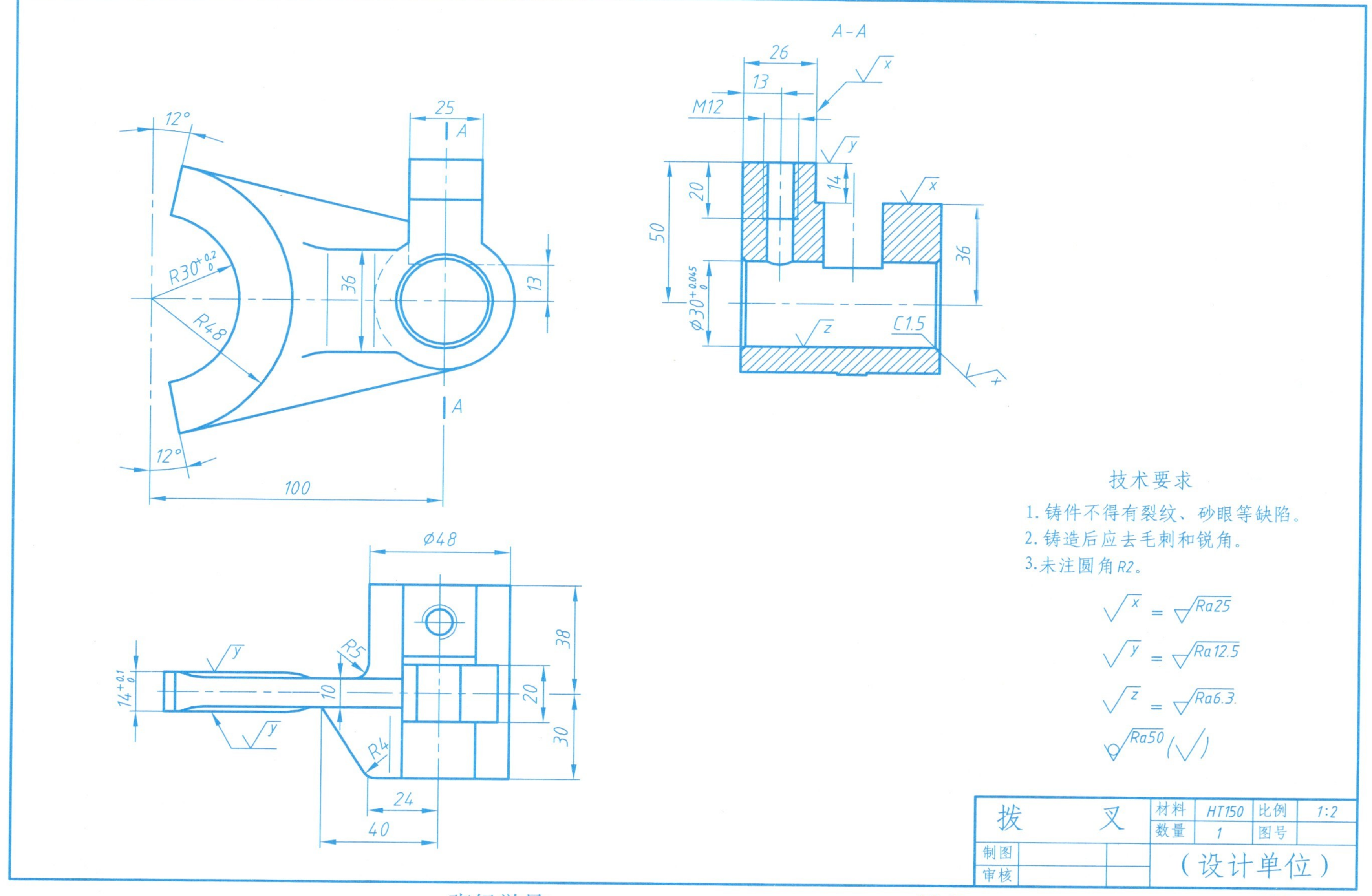

班级学号　　　　姓名

8-8 读懂零件图，在指定位置补画左视图的外形图。

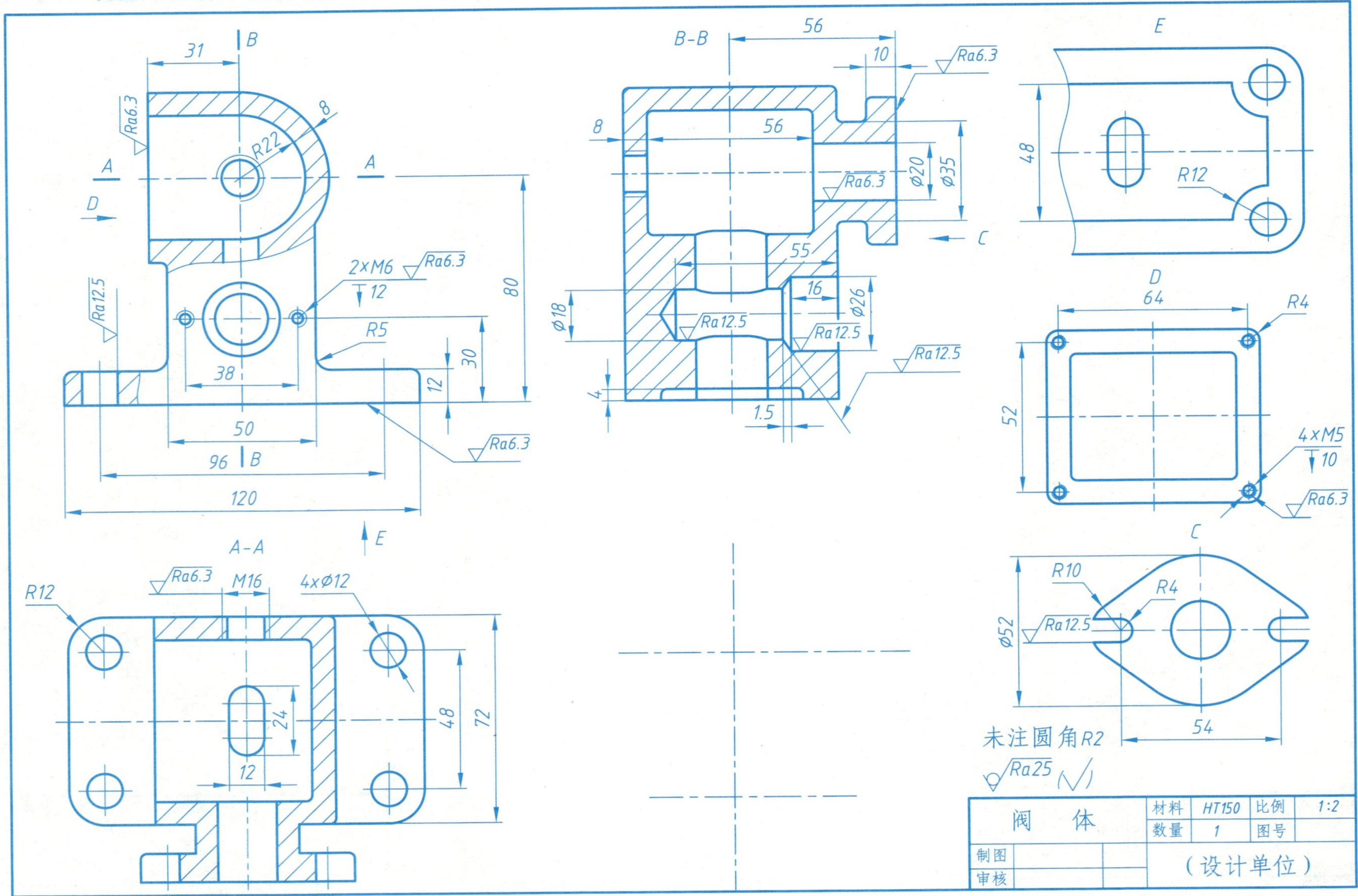

8-9 看懂外壳零件图，想象形状。（1）分析指出尺寸基准；（2）补画全剖的俯视图。

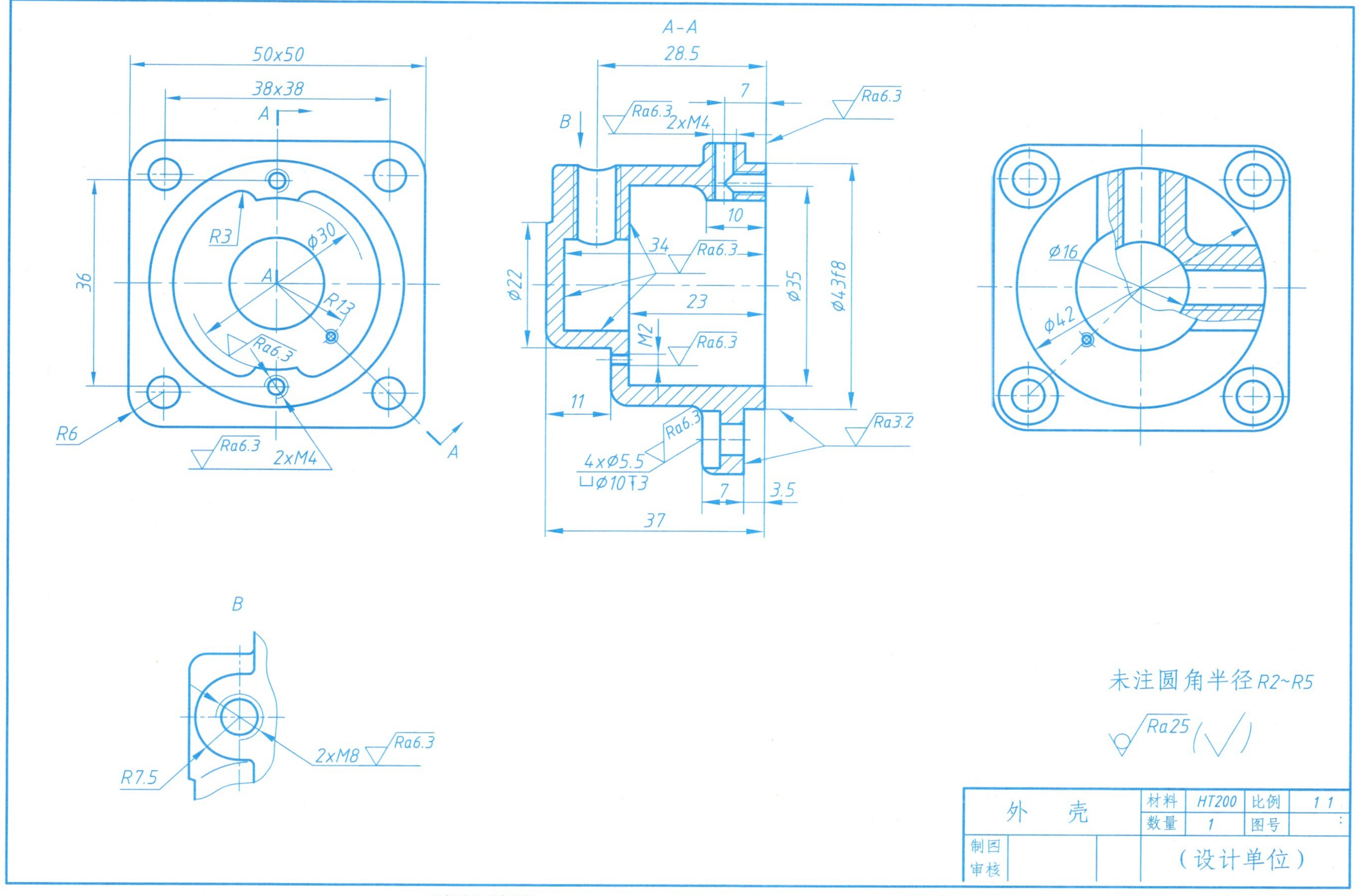

9-1 根据手压阀的立体图和零件图绘制装配图。

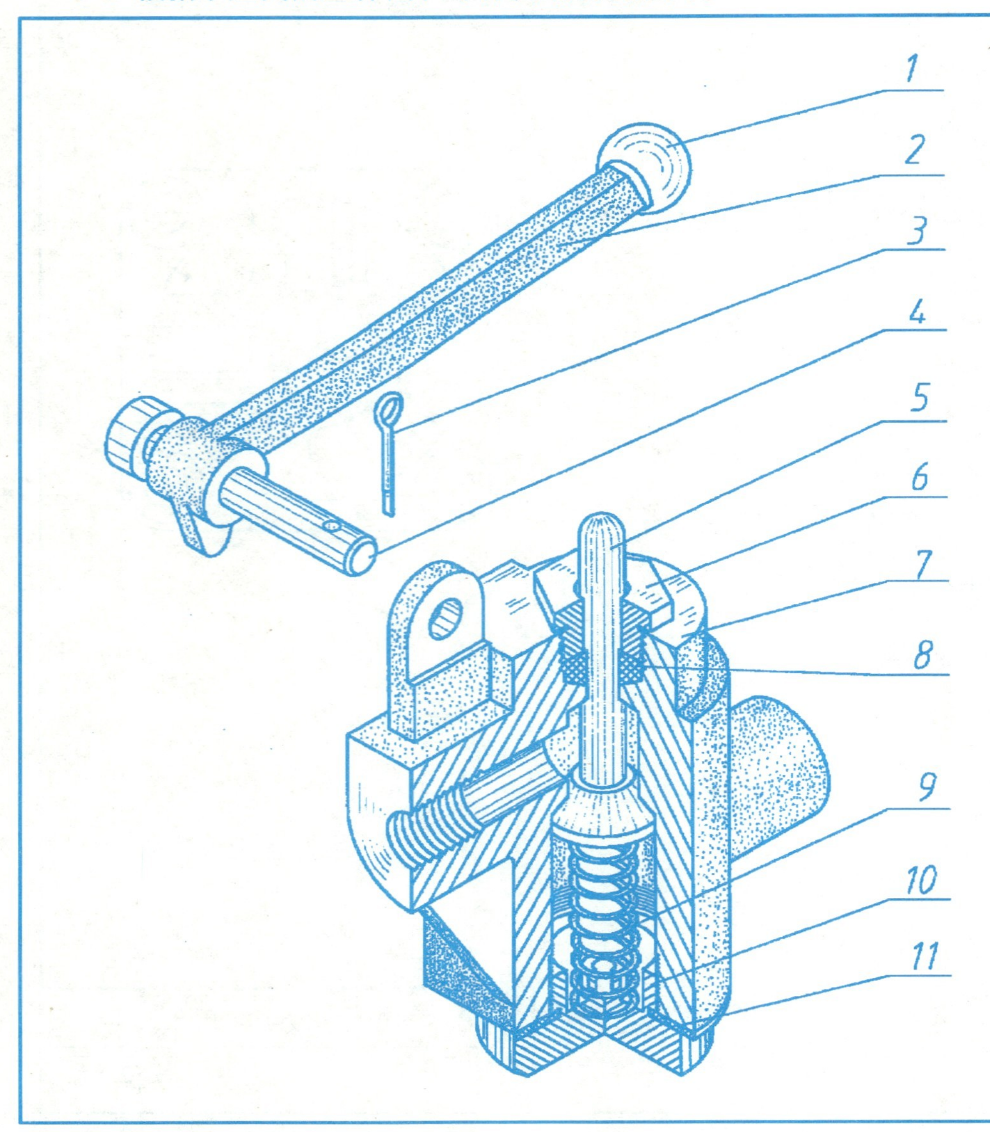

手压阀工作原理

手压阀是吸进或排出液体的一种手动阀门。当握住手柄压紧阀杆时，弹簧因受力压缩使阀杆向下移动，液体入口与出口相通；手柄向上抬起时，由于弹簧弹力作用，阀杆向上移动，压紧阀体，使液体入口与出口不通。

序号	名称	数量	材料	备注
11	胶垫	1	橡胶	
10	调节螺母	1	Q235-A	
9	弹簧	1	60Mn	
8	填料		石棉	
7	阀体	1	HT150	
6	锁紧螺母	1	Q235-A	
5	阀杆	1	45	
4	销钉	1	20	
3	开口销	1	Q235-A	GB/T 91
2	手柄	1	20	
1	球头	1	胶木	

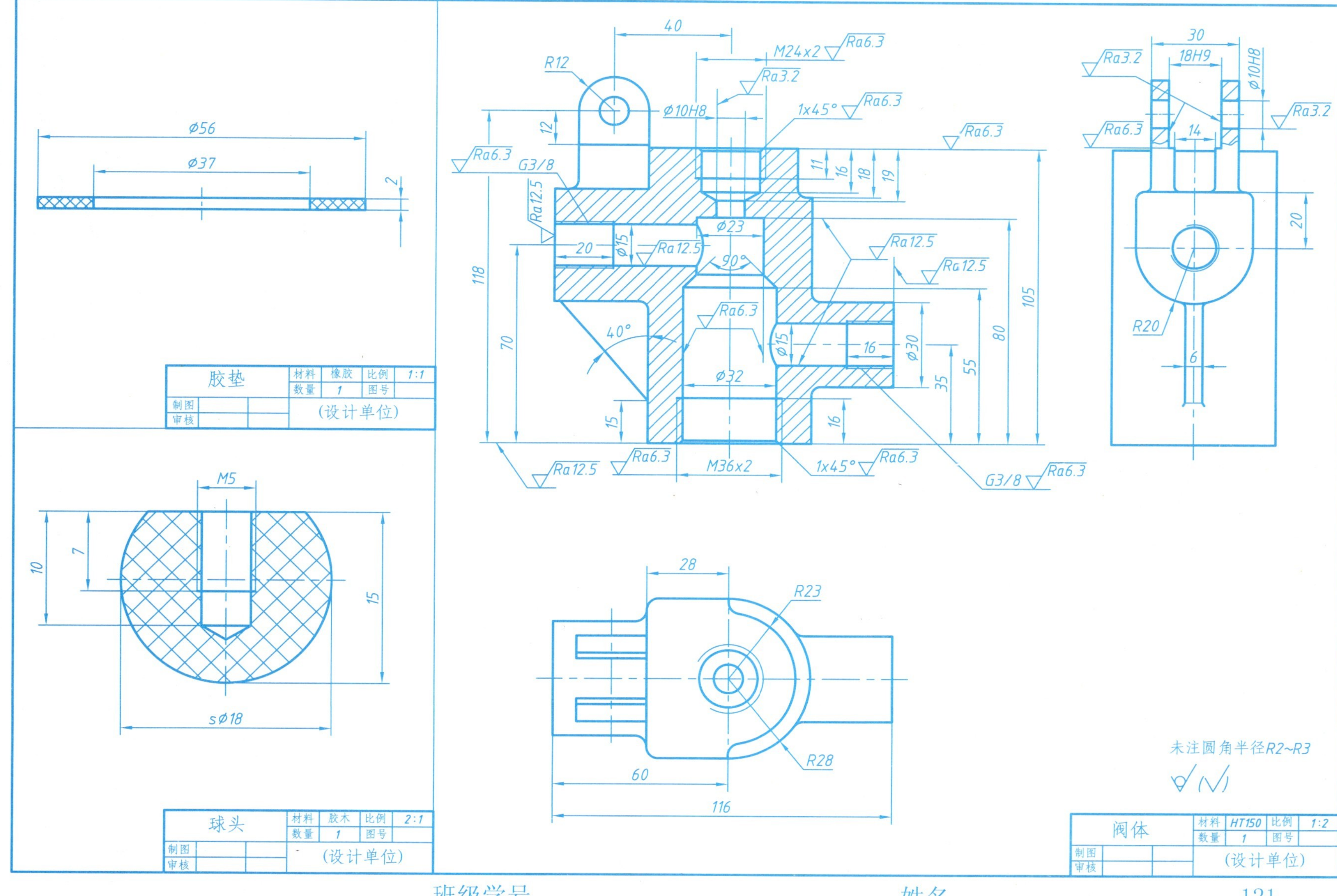

Φ56
Φ37
2
胶垫
材料
橡胶
比例
1:1
数量
1
图号
制图
审核
(设计单位)
M5
10
7
15
SΦ18
球头
材料
胶木
比例
2:1
数量
1
图号
制图
审核
(设计单位)
40
R12
M24x2
Ra6.3
Ra3.2
Φ10H8
1x45°
Ra6.3
12
Ra6.3
G3/8
Ra12.5
11
16
18
19
Φ23
20
Φ15
Ra12.5
90°
118
Ra12.5
Ra12.5
105
80
Ra6.3
40°
70
Φ15
16
Φ30
55
35
Φ32
15
16
Ra12.5
Ra6.3
M36x2
1x45°
Ra6.3
G3/8
Ra6.3
30
18H9
Ra3.2
Φ10H8
Ra3.2
Ra6.3
14
20
R20
6
28
R23
R28
60
116
未注圆角半径R2~R3
阀体
材料
HT150
比例
1:2
数量
1
图号
制图
审核
(设计单位)

班级学号　　姓名

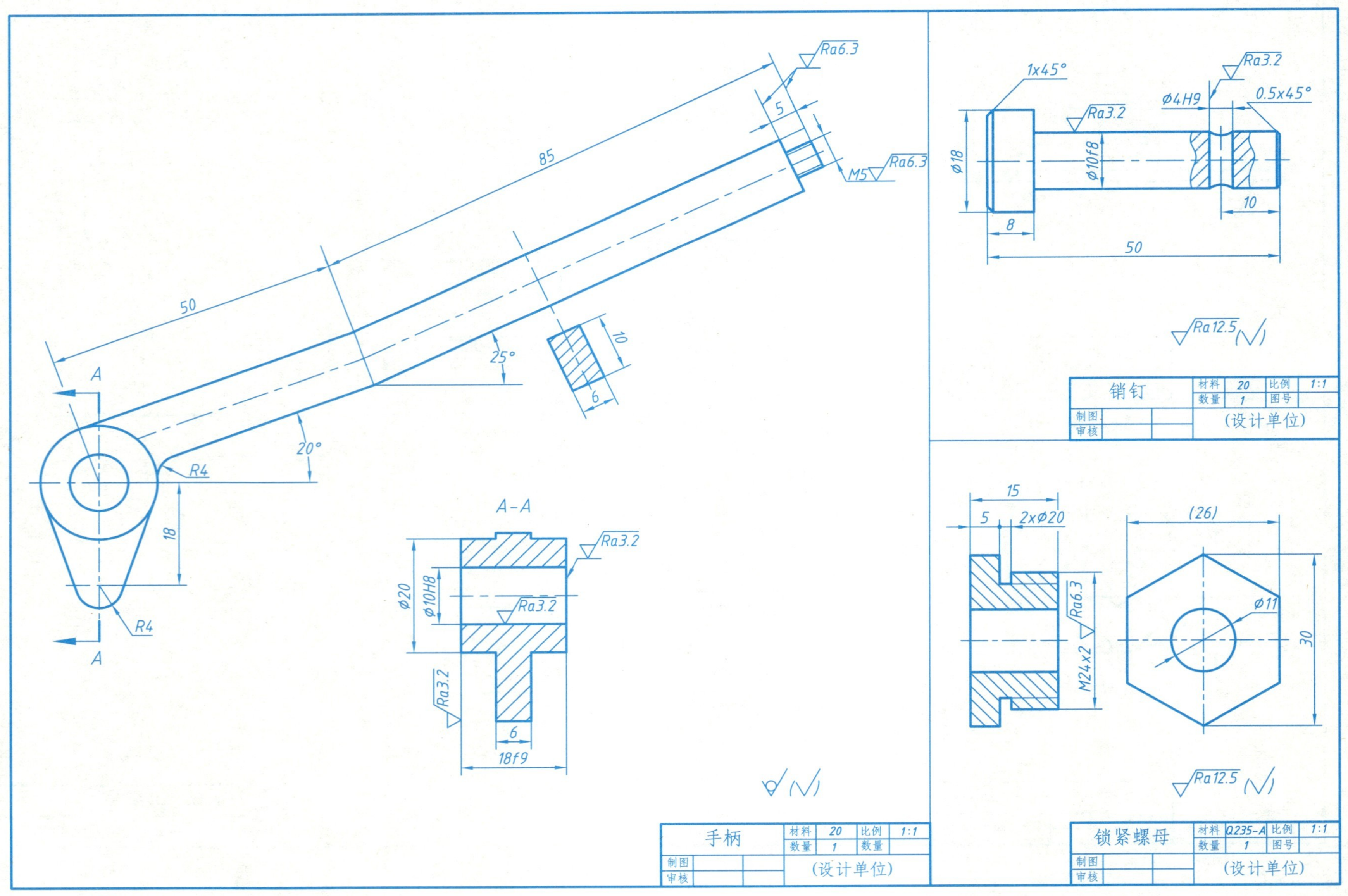

Ra6.3
85
5
M5
Ra6.3
50
25°
10
6
A
20°
R4
18
R4
A
A-A
Ra3.2
φ20
φ10H8
Ra3.2
Ra3.2
6
18f9
手柄
材料 20 比例 1:1
数量 1 数量
制图
审核
(设计单位)
1x45°
Ra3.2
φ4H9
0.5x45°
Ra3.2
φ18
φ10f8
10
8
50
Ra12.5
销钉
材料 20 比例 1:1
数量 1 图号
制图
审核
(设计单位)
15
5
2xφ20
(26)
Ra6.3
M24x2
φ11
30
Ra12.5
锁紧螺母
材料 Q235-A 比例 1:1
数量 1 图号
制图
审核
(设计单位)

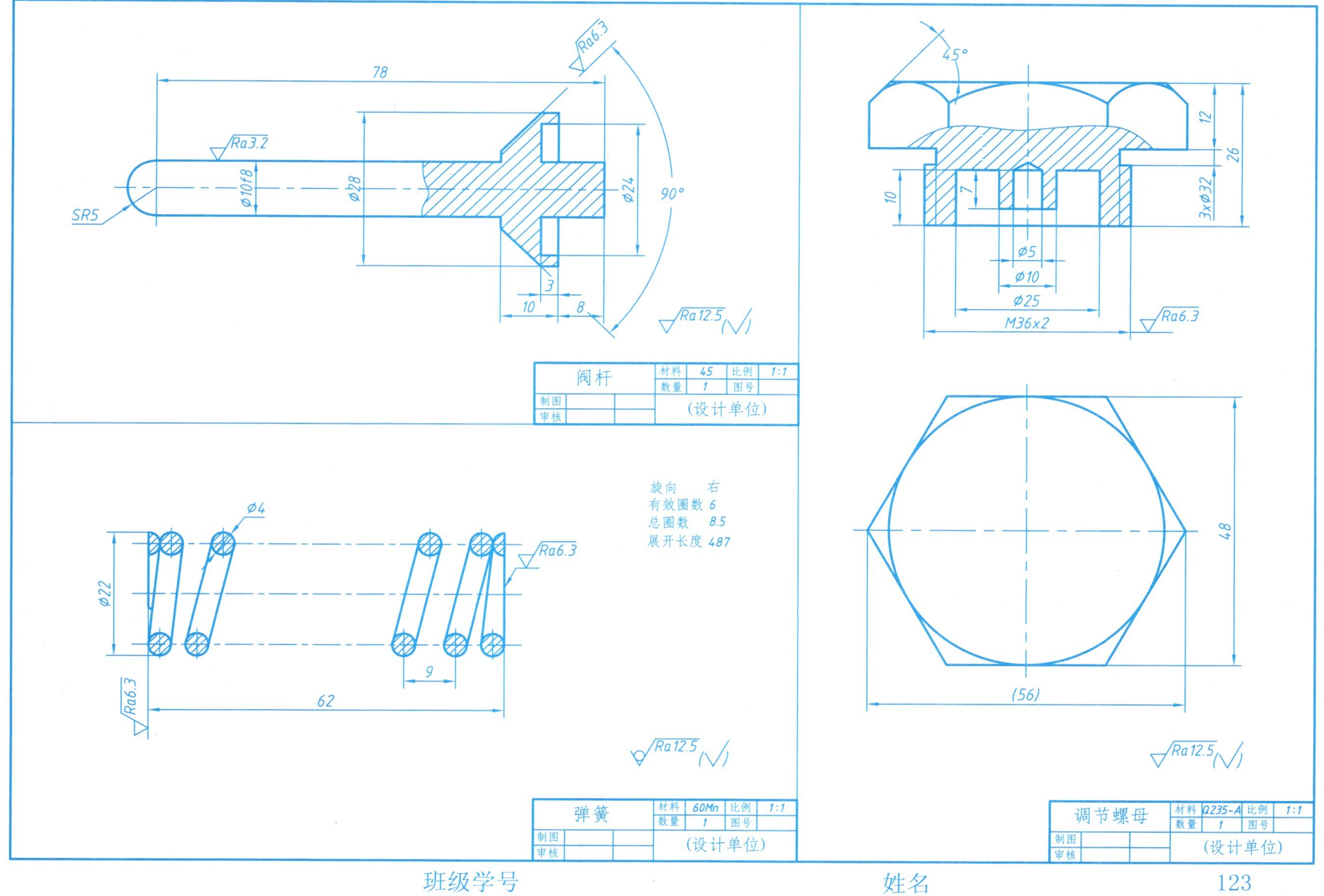
78
Ra6.3
Ra3.2
SR5
φ10f8
φ28
φ24
90°
3
10
8
Ra12.5 (√)
阀杆
材料 45
比例 1:1
数量 1
图号
制图
审核
(设计单位)
45°
12
26
10
7
3xφ32
φ5
φ10
φ25
M36x2
Ra6.3
48
(56)
Ra12.5 (√)
调节螺母
材料 Q235-A
比例 1:1
数量 1
图号
制图
审核
(设计单位)
旋向 右
有效圈数 6
总圈数 8.5
展开长度 487
φ4
Ra6.3
φ22
9
62
Ra6.3
Ra12.5 (√)
弹簧
材料 60Mn
比例 1:1
数量 1
图号
制图
审核
(设计单位)

班级学号 姓名

9-2 读安全阀装配图及拆画零件图 。

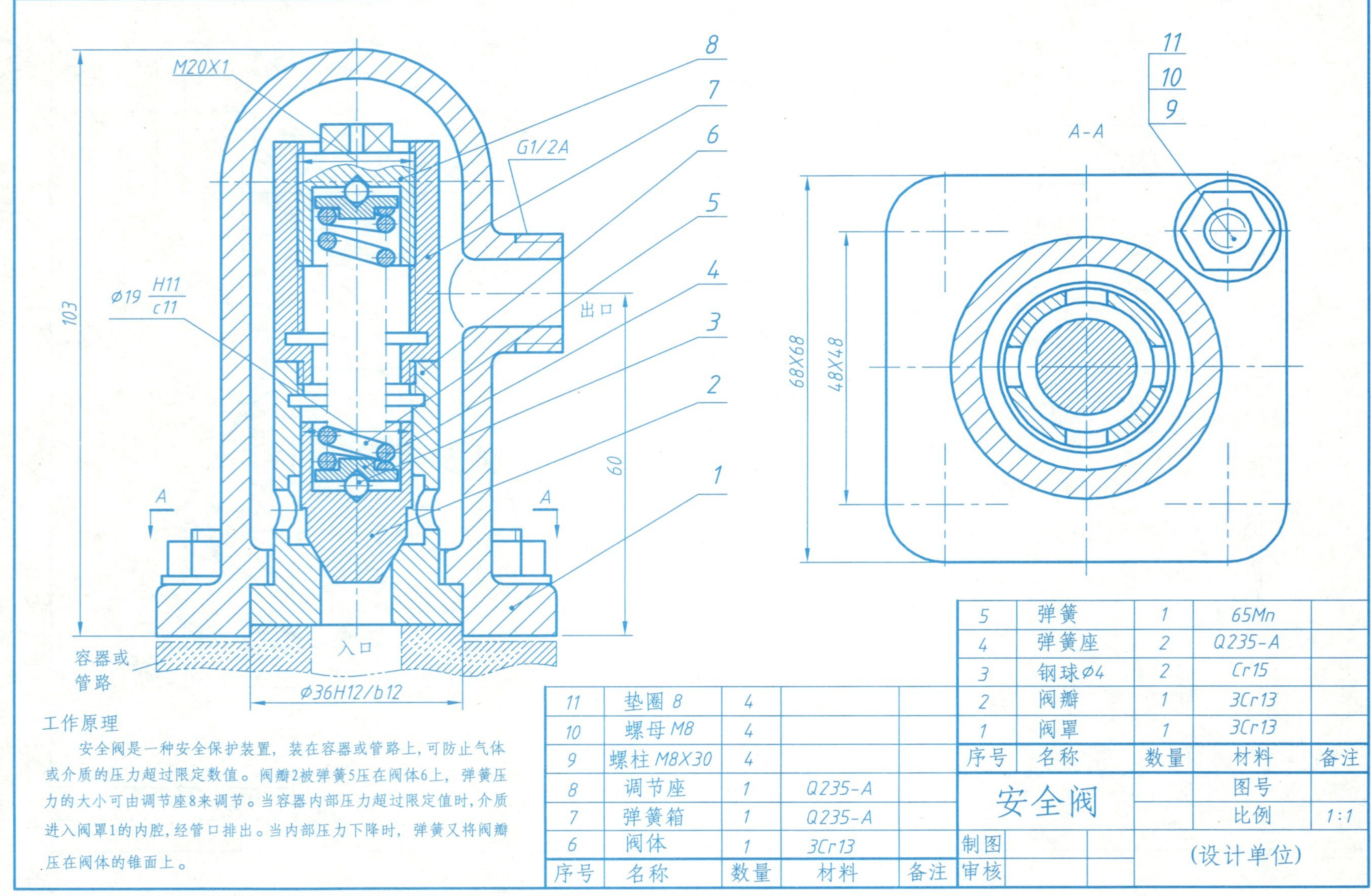

工作原理

安全阀是一种安全保护装置，装在容器或管路上，可防止气体或介质的压力超过限定数值。阀瓣2被弹簧5压在阀体6上，弹簧压力的大小可由调节座8来调节。当容器内部压力超过限定值时，介质进入阀罩1的内腔，经管口排出。当内部压力下降时，弹簧又将阀瓣压在阀体的锥面上。

序号	名称	数量	材料	备注
11	垫圈 8	4		
10	螺母 M8	4		
9	螺柱 M8X30	4		
8	调节座	1	Q235-A	
7	弹簧箱	1	Q235-A	
6	阀体	1	3Cr13	
5	弹簧	1	65Mn	
4	弹簧座	2	Q235-A	
3	钢球Ø4	2	Cr15	
2	阀瓣	1	3Cr13	
1	阀罩	1	3Cr13	

安全阀		图号	
		比例	1:1
制图		(设计单位)	
审核			

9-3 读塞泵装配图及拆画零件图。

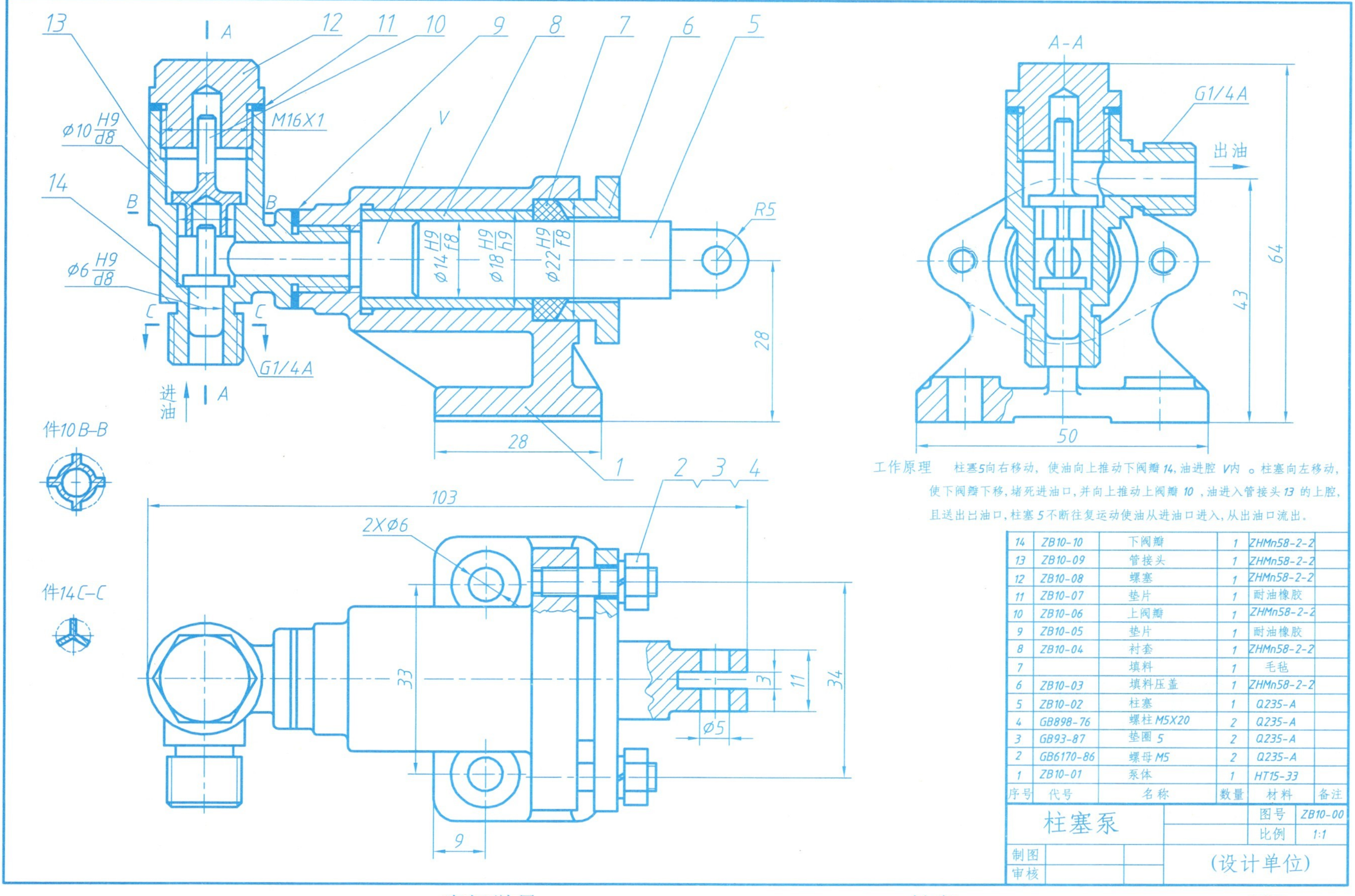

工作原理　柱塞5向右移动，使油向上推动下阀瓣14，油进腔V内。柱塞向左移动，使下阀瓣下移，堵死进油口，并向上推动上阀瓣10，油进入管接头13的上腔，且送出出油口，柱塞5不断往复运动使油从进油口进入，从出油口流出。

序号	代号	名称	数量	材料	备注
14	ZB10-10	下阀瓣	1	ZHMn58-2-2	
13	ZB10-09	管接头	1	ZHMn58-2-2	
12	ZB10-08	螺塞	1	ZHMn58-2-2	
11	ZB10-07	垫片	1	耐油橡胶	
10	ZB10-06	上阀瓣	1	ZHMn58-2-2	
9	ZB10-05	垫片	1	耐油橡胶	
8	ZB10-04	衬套	1	ZHMn58-2-2	
7		填料	1	毛毡	
6	ZB10-03	填料压盖	1	ZHMn58-2-2	
5	ZB10-02	柱塞	1	Q235-A	
4	GB898-76	螺柱 M5X20	2	Q235-A	
3	GB93-87	垫圈 5	2	Q235-A	
2	GB6170-86	螺母 M5	2	Q235-A	
1	ZB10-01	泵体	1	HT15-33	

柱塞泵		图号	ZB10-00
		比例	1:1
制图		(设计单位)	
审核			

9-4 读换向阀装配图及拆画零件图 。

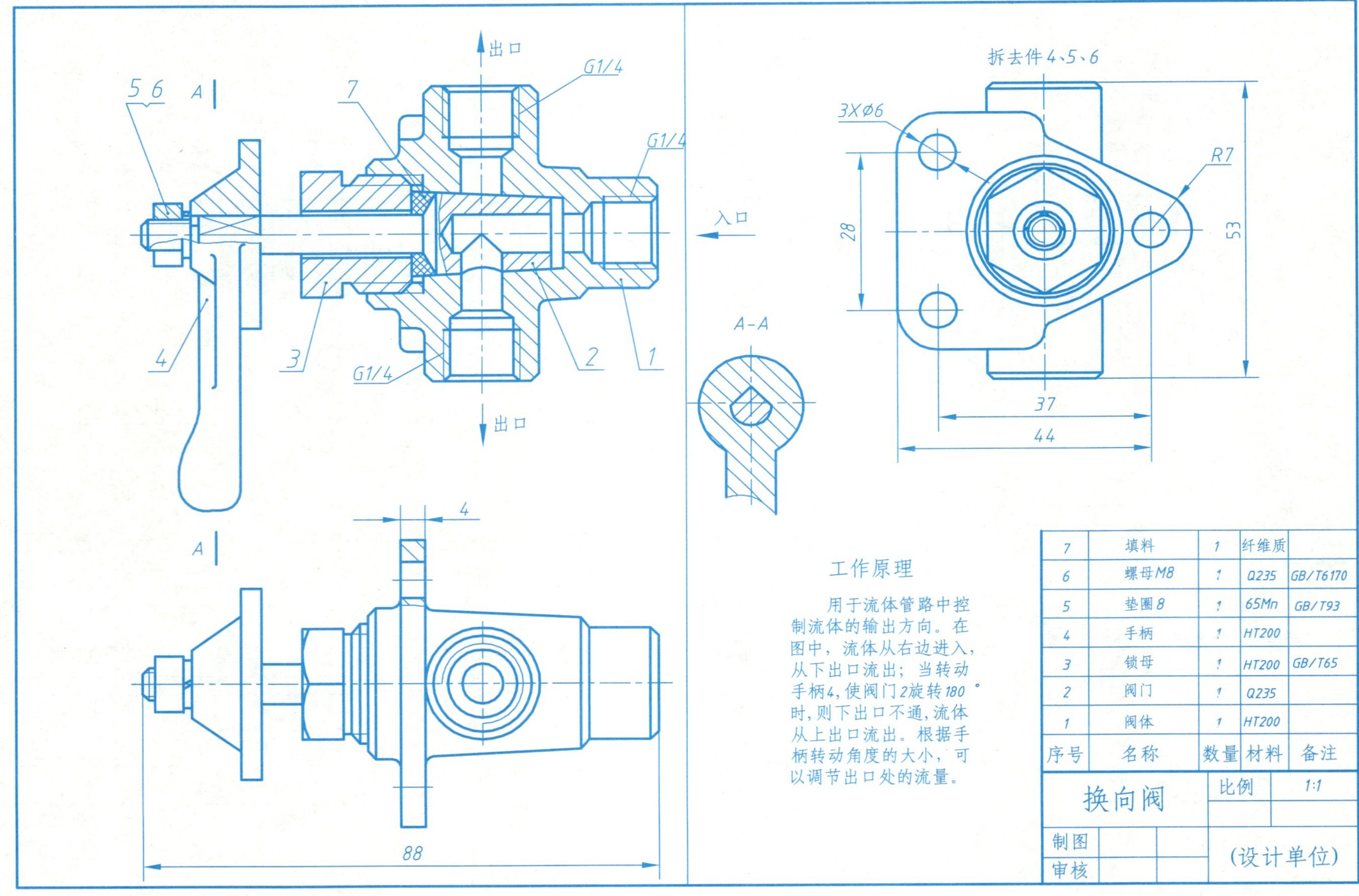

序号	名称	数量	材料	备注
7	填料	1	纤维质	
6	螺母M8	1	Q235	GB/T6170
5	垫圈8	1	65Mn	GB/T93
4	手柄	1	HT200	
3	锁母	1	HT200	GB/T65
2	阀门	1	Q235	
1	阀体	1	HT200	

9-5 读传动机构装配图及拆画零件图。

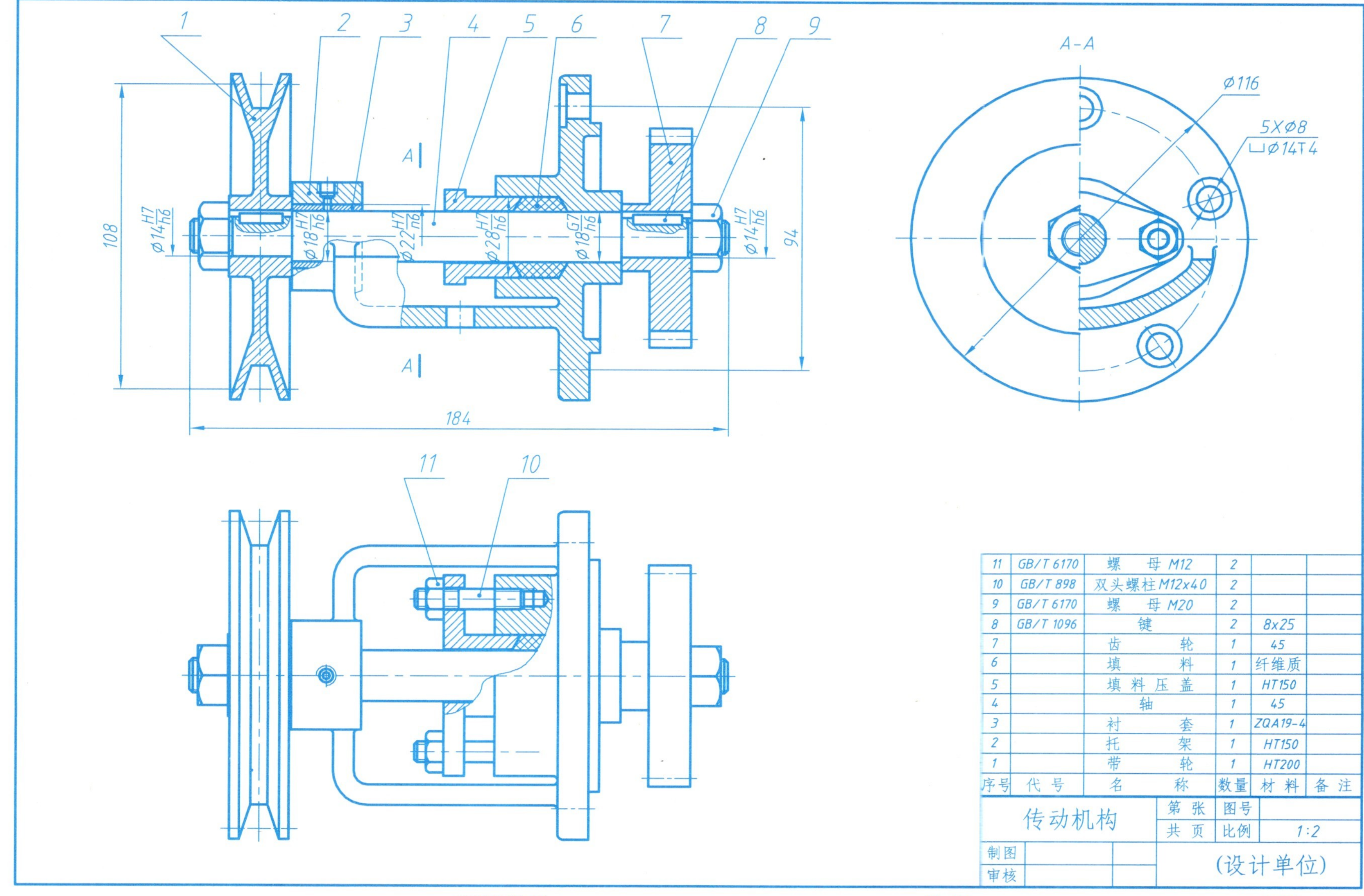

11	GB/T 6170	螺母 M12	2		
10	GB/T 898	双头螺柱 M12x40	2		
9	GB/T 6170	螺母 M20	2		
8	GB/T 1096	键	2	8x25	
7		齿轮	1	45	
6		填料	1	纤维质	
5		填料压盖	1	HT150	
4		轴	1	45	
3		衬套	1	ZQA19-4	
2		托架	1	HT150	
1		带轮	1	HT200	
序号	代号	名称	数量	材料	备注

10-1 求解下列各题。

(1) 作出点A、B在新投影面V_1上的新投影。

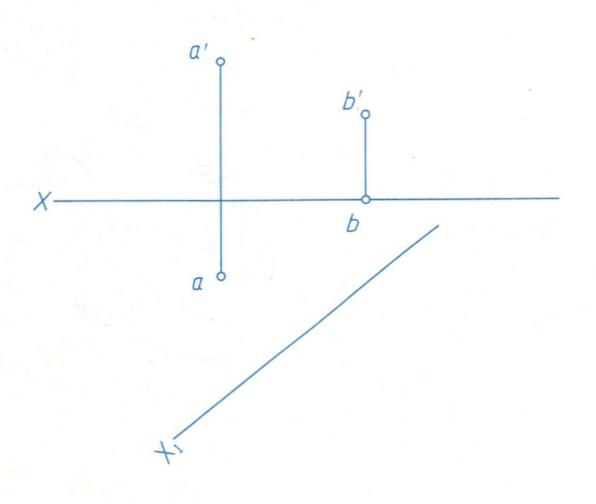

(2) 用换面法求线段AB的实长及对H、V面倾角α、β。

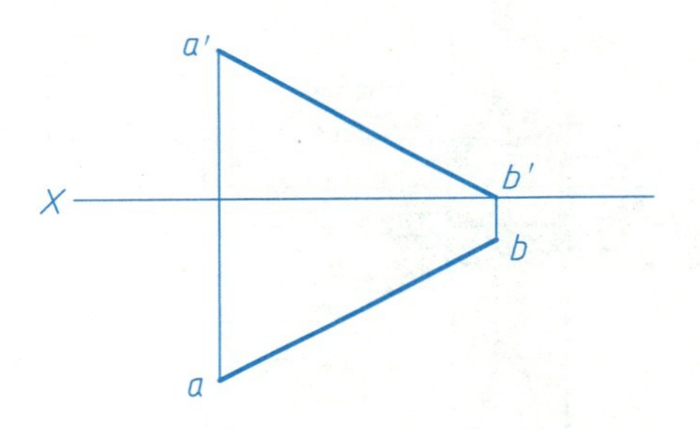

(3) 作新投影面$V_1 \perp H$，使线段BC位于V_1、H构成的二面角平分面内，作出BC的新投影。

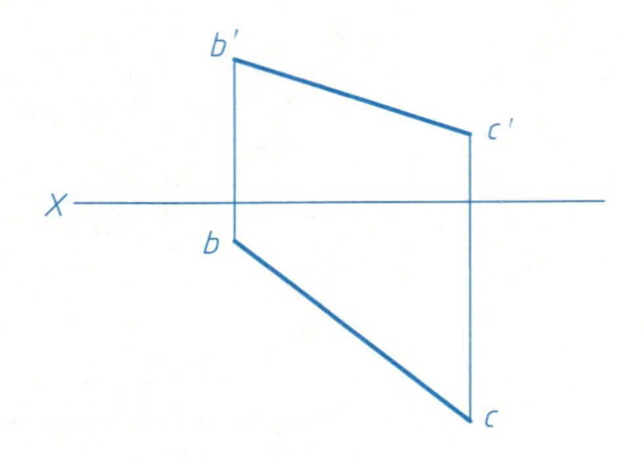

(4) 作新投影面使其垂直于线段AB，并作出AB的新投影。

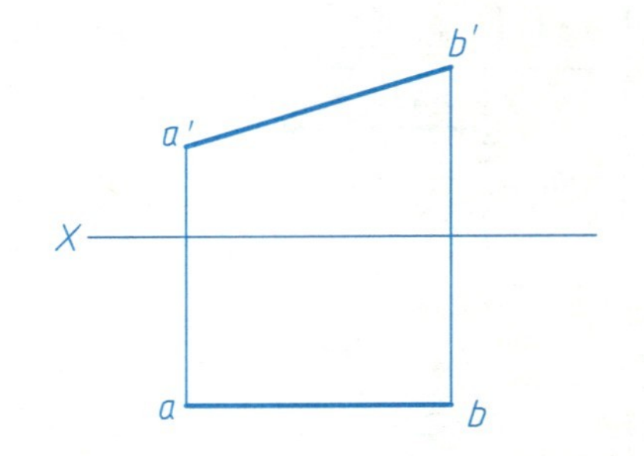

10-2 求解下列各题。

(1) 已知线段AB的实长，用换面法求其水平投影。本题有几解？

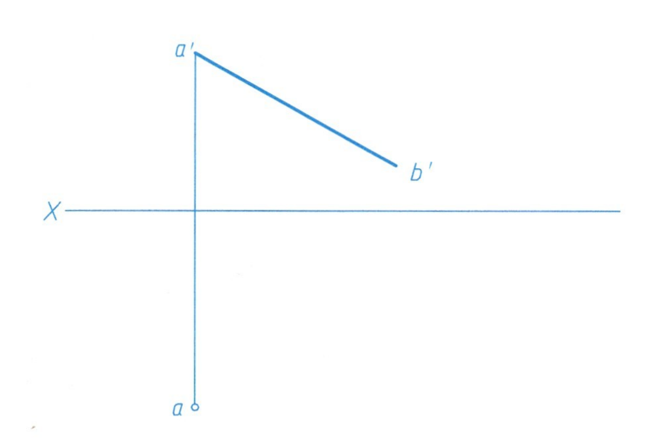

(2) 求作点A两次换面的新投影轴(先换H面)。

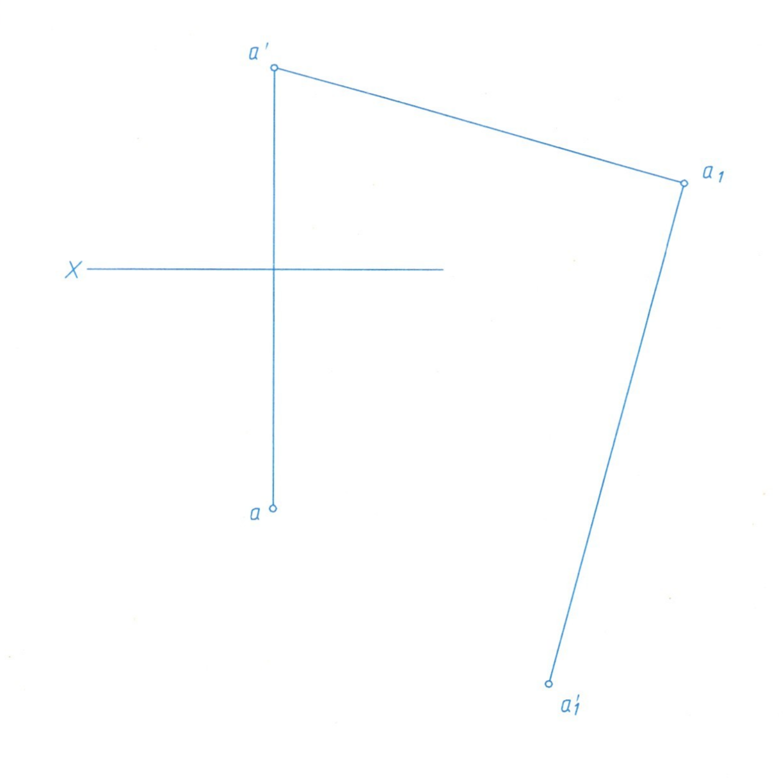

10-3 求解下列各题。

(1) 用换面法作出平面△ABC对H、V面的倾角 α、β。

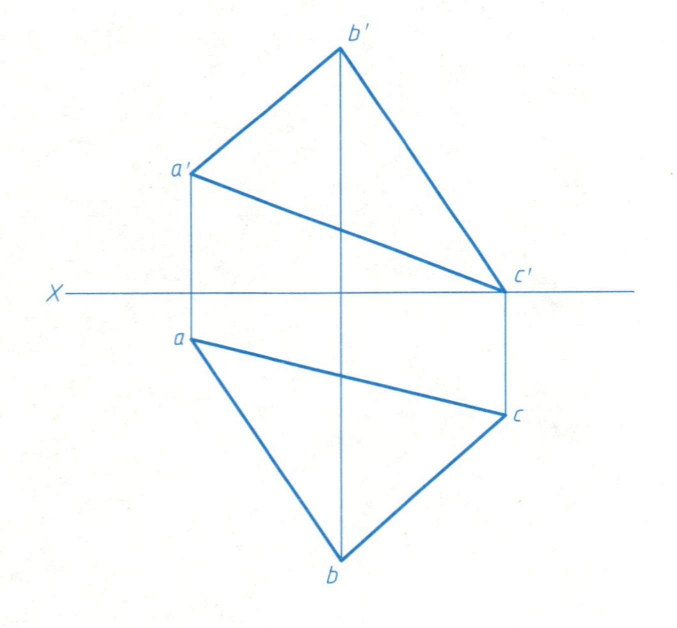

(2) 经一次换面后得出平面图形的实形，试补出该平面图形的正面投影。

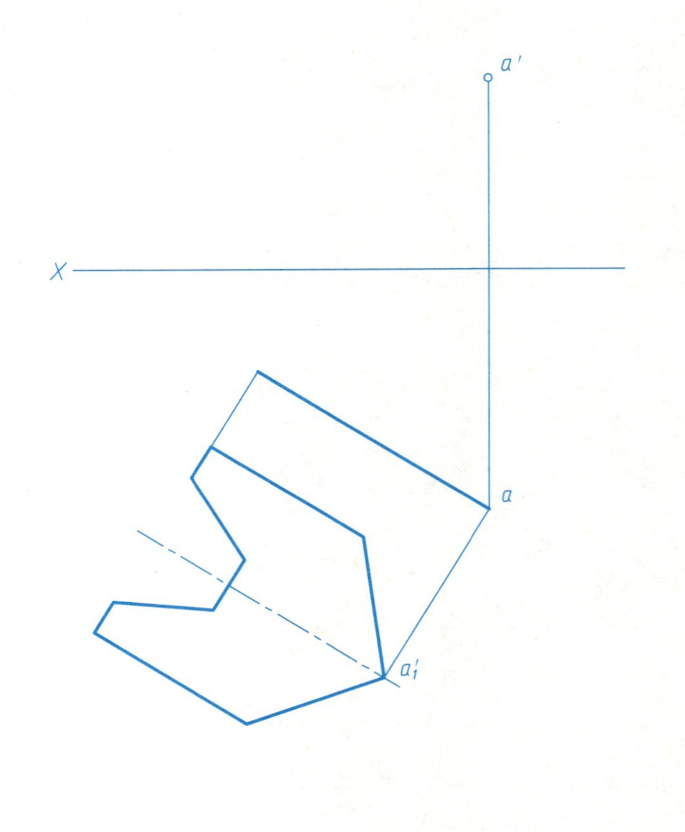

10-4 求解下列各题。

(1) 已知平行二平面的距离为20mm，补出所缺的投影。

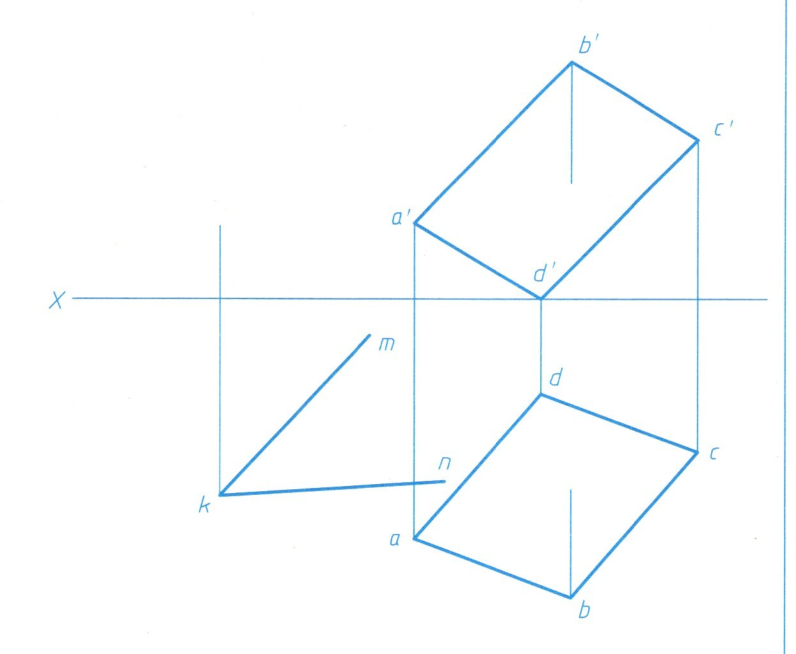

(2) 已知线段EF垂直于平面(△ABC)，且点E距该平面为30mm，补出平面的正面投影。

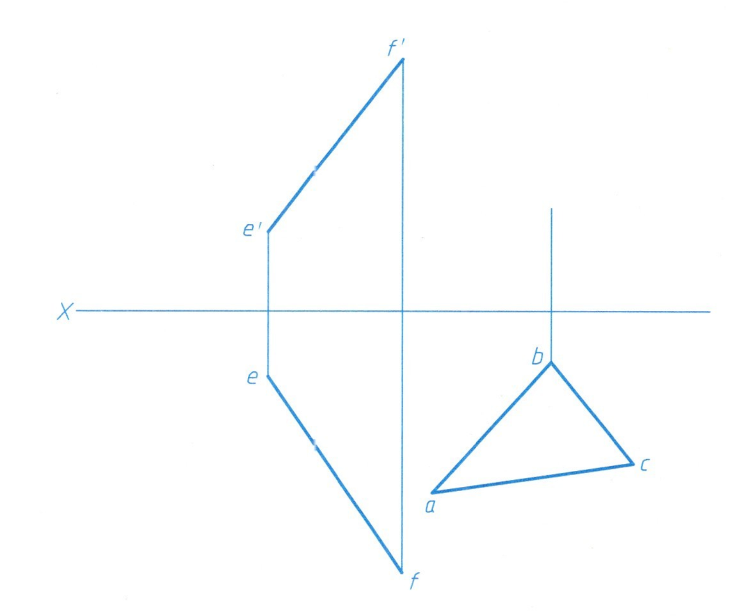

10-5 求解下列各题。

(1) 正方形ABCD的边BC属于直线KM，作出此正方形的投影。

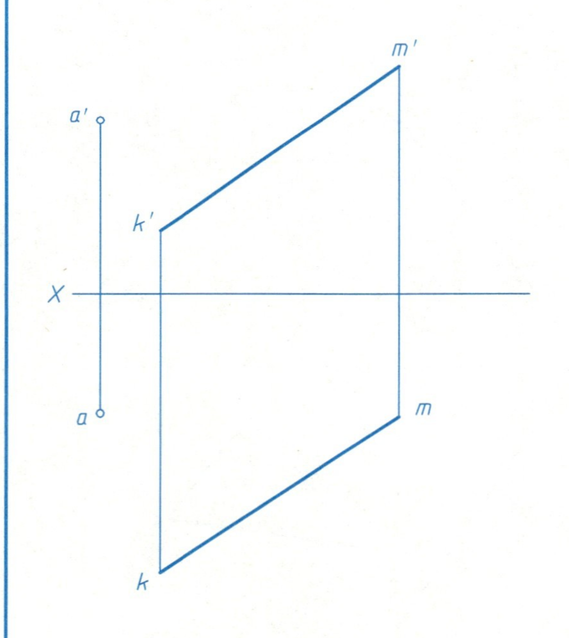

(2) 用换面法求相交两平面△ABC和△BCD的夹角。

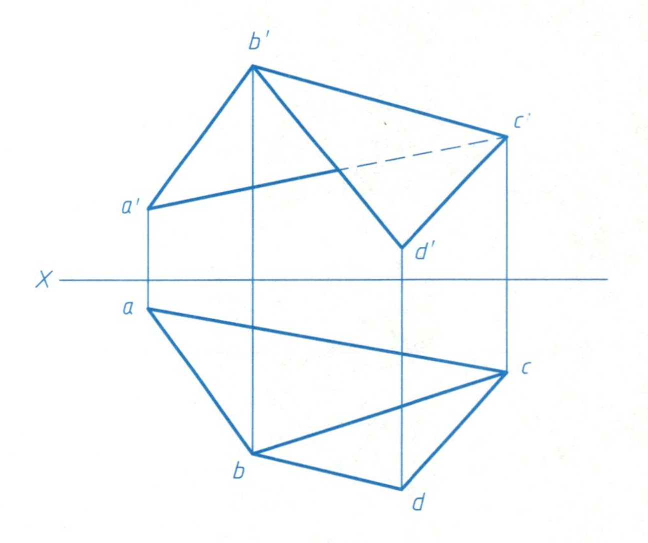

10-6 已知线段MN平行于CD，且相距20，与AB相交于M点，MN=30,用换面法求作MN的两面投影。

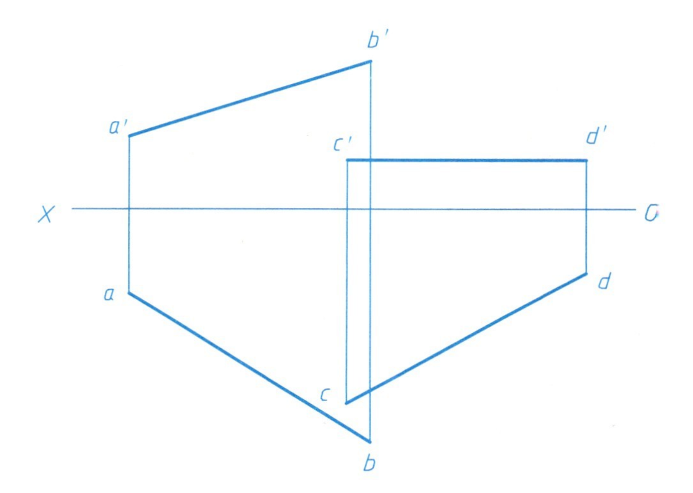